ARTHUR MANGIN

DÉLASSEMENTS

INSTRUCTIFS

LES TÉLÉGRAPHES — LES FEUX DE GUERRE

TOURS

ALFRED MAME ET FILS

ÉDITEURS

DÉLASSEMENTS

INSTRUCTIFS

—

3e SÉRIE GRAND IN-8o

Le télégraphe aérien.

ARTHUR MANGIN

DÉLASSEMENTS
INSTRUCTIFS

LES TÉLÉGRAPHES — LES FEUX DE GUERRE

NOUVELLE ÉDITION

ENTIÈREMENT REFONDUE

ET MISE AU COURANT DES PLUS RÉCENTES DÉCOUVERTES DE LA SCIENCE

TOURS

ALFRED MAME ET FILS, ÉDITEURS

M DCCC XCIII

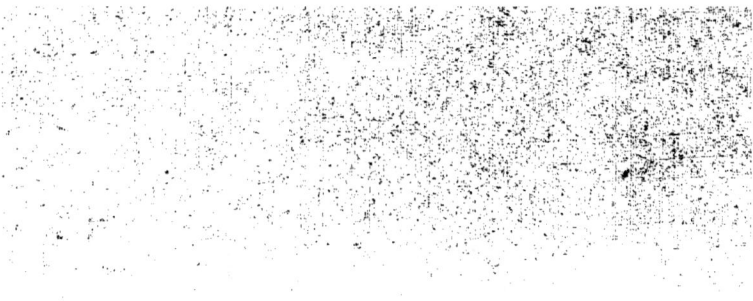

TÉLÉGRAPHES

I

Usage primitif des signaux chez les anciens et au moyen âge. — Théories et essais de télégraphie dans les temps modernes. — Gaspar Schott, Becher, Hoffmann, Hooke. — Guillaume Amontons. — Guillaume Marcel. — Georges-Louis Lesage. — Lomond. — Dom Gauthey. — Linguet. — Dupuis. — Bergstrasser. — Les télégraphes humains.

On a quelquefois abusé de cet adage si connu : *Il n'y a rien de nouveau sous le soleil.* C'est à tort que certains auteurs se sont abandonnés à la manie de chercher et de trouver dans les obscures profondeurs du passé l'origine des créations humaines les plus incontestablement modernes. Ce serait, à la vérité, tomber dans une autre erreur non moins grave, que de nier la filiation des œuvres scientifiques, artistiques et littéraires, et de nous prétendre assez puissants et assez riches par nous-mêmes pour ne rien devoir aux générations qui nous ont précédés; mais entre ces deux extrêmes il y a un milieu où l'on doit s'arrêter pour rendre à chacun ce qui lui appartient : tenir compte aux anciens des enseignements qu'ils nous ont légués, des germes qu'ils ont semés; aux modernes, du parti qu'ils ont su tirer des premiers et du développement gigantesque qu'ils ont donné aux seconds.

Pour ce qui est de la télégraphie, c'est-à-dire, en prenant ce mot dans son sens le plus général, de l'art de correspondre à distance, on en trouve assurément les premiers rudiments à l'origine des sociétés, et l'on sait que de bonne heure les hommes s'ingénièrent à combiner les moyens de se transmettre rapidement à travers l'espace des nouvelles importantes. De là l'usage des signaux dont les peuples les plus barbares et les plus ignorants ont fait usage, soit dans leurs migrations, soit dans leurs guerres. Ces signaux ne furent longtemps que des feux allumés sur des hauteurs, et n'eurent d'abord d'autre signification que d'annoncer, d'après des conventions antérieures, une victoire ou une défaite, ou de donner l'alarme, d'appeler du secours, etc. On est libre d'appeler cela de la télégraphie, mais on conviendra qu'elle était fort élémentaire, et ressemblait moins encore à notre télégraphe électrique, que les chariots des Scythes à nos locomotives, ou le radeau d'Ozoüs à nos bateaux à vapeur.

Les Grecs furent les premiers qui donnèrent à cet art quelques développements en ajoutant aux phares et aux fanaux des signes (σημεῖα), tels que des drapeaux de diverses couleurs auxquelles étaient rapportées des significations déterminées. C'est à eux que l'on doit l'idée et les premiers essais d'une télégraphie alphabétique. Après eux les Carthaginois et les Romains se servirent aussi de signaux pour transmettre à des corps d'armée éloignés des ordres, des avertissements, des nouvelles ; et l'on voit encore, dans un bas-relief de la célèbre colonne Trajane, l'image d'un poste télégraphique romain. Un officier commande les manœuvres, qui s'exécutent au moyen d'une torche sortant par la lucarne d'une guérite à deux étages.

Les Gaulois, au rapport de César, se servaient de signaux lumineux pour s'informer entre eux des mouvements de l'ennemi ; pour les nouvelles plus compliquées, ils avaient recours à un procédé non moins simple, non moins ingénieux, et presque aussi rapide, mais qui par sa nature se rapproche plutôt de nos *postes* actuelles que de nos télégraphes : des sentinelles placées de distance en distance se transmettaient de vive voix la nouvelle, qui passait ainsi de bouche en bouche avec une grande célérité : par ce moyen le massacre des Romains à Orléans, au lever du soleil, fut connu le soir même en Auvergne, à cent soixante kilomètres de distance.

L'usage des signaux est plus ancien encore en Asie qu'en Europe, et la connaissance que les Indiens et les Chinois avaient depuis longtemps des mélanges combustibles et fulminants leur permit sans doute d'obtenir des résultats plus complets et plus multipliés.

Les Chinois avaient élevé des phares sur la *grande muraille*, afin de pouvoir au besoin donner l'alarme en quelques heures à toute cette partie de leurs frontières, longue de sept cent cinquante-deux kilomètres.

Le farouche conquérant Timour-Lenk, lorsqu'il faisait un siège, n'employait, pour parlementer avec les habitants de la ville, que trois signaux, dont le sens était aussi net que terrible : le premier était un drapeau blanc; il voulait dire : *Rendez-vous sur l'heure, et l'on vous fera grâce.* Après une journée de résistance, le khan faisait hisser un pavillon rouge, emblème du sang des chefs qui devaient être livrés à la mort pour sauver le reste de la population. Enfin le troisième jour paraissait un drapeau noir, symbole de mort et de destruction.

Le perfectionnement de l'art télégraphique ne fut, jusqu'au XVIIe siècle de l'ère chrétienne, l'objet d'aucune étude sérieuse.

Vers 1640, le père Gaspar Schott et le docteur Becher, médecin de l'électeur de Mayence, proposèrent de se servir le jour de bottes de paille, et la nuit de lanternes qu'on ferait glisser sur cinq mâts portant chacun cinq divisions, dont chacune répondait à l'un des signes d'un vocabulaire convenu. A la même époque, un compatriote de Becher, le docteur Hoffmann, et le mécanicien anglais Hooke, inventèrent un système de signaux mobiles.

Un des physiciens français les plus distingués du XVIIe siècle, Guillaume Amontons [1], imagina, vers 1690,

---

[1] Né à Paris le 31 août 1663, mort le 11 octobre 1705.

« un moyen de faire savoir tout ce qu'on voudrait à une très grande distance, par exemple de Paris à Rome, en très peu de temps, comme en trois à quatre heures, et même sans que la nouvelle fût sue dans tout l'espace d'entre-deux... Le secret consistait à disposer dans plusieurs postes consécutifs des gens qui, par des lunettes de longue-vue, ayant aperçu certains signaux du poste précédent, les transmissent au suivant, et toujours ainsi de suite, et ces différents signaux étaient autant de lettres d'un alphabet dont on n'avait le chiffre qu'à Paris et à Rome. La plus grande portée des lunettes faisait la distance des postes, dont le nombre était le moindre qu'il fût possible; et comme le second poste faisait des signaux au troisième à mesure qu'il en recevait du premier, la nouvelle se trouvait portée de Paris à Rome presque en aussi peu de temps qu'il en fallait pour faire les signaux à Paris[1]. »

Malheureusement Amontons avait, selon son spirituel panégyriste, « une entière incapacité de se faire valoir autrement que par ses ouvrages, et de faire sa cour autrement que par son mérite, et par conséquent une entière incapacité de faire fortune. » Deux expériences de son système télégraphique eurent lieu successivement, la première en présence du dauphin, fils de Louis XIV, la seconde sous les yeux de ce même prince et de la dauphine. L'une manqua complètement par la timidité de l'inventeur, que déconcertèrent la pompe et la foule brillante dont il se vit entouré; l'autre réussit mieux, mais la cour n'y vit qu'un amusement ingénieux; personne ne s'avisa que cette découverte fût susceptible d'applications utiles à l'État, et Amontons lui-même cessa de s'en occuper.

Très peu de temps après, un autre savant français adressa à Louis XIV un mémoire et une supplique sur le même sujet. Il se nommait Guillaume Marcel. Après avoir, en qualité d'avocat au conseil, fait partie d'une ambassade à Constantinople, et avoir conclu directement avec le dey d'Alger le traité qui rouvrit à notre commerce

---

[1] Fontenelle, *Éloge d'Amontons.*

les portes de l'Orient, il avait été nommé commissaire maritime à Arles. Là il se livra à des travaux d'érudition, et composa sur la chronologie ecclésiastique et sur l'histoire plusieurs ouvrages importants. Là aussi il conçut et rédigea le plan d'une machine capable de transmettre à une grande distance et *avec la rapidité de la pensée*, soit pendant le jour, soit pendant la nuit, des nouvelles et des instructions assez longues. Ce plan, envoyé au roi avec un mémoire explicatif et un procès-verbal des expériences exécutées à Arles, ne fut pas même examiné. Marcel n'en reçut point de nouvelles, et mourut en 1708, sans laisser de sa découverte d'autre monument qu'un livre écrit en latin sous le titre de *Citatæ per aera decursiones*. C'était un recueil de signaux dont sa femme et quelques amis possédaient seuls le secret, qu'ils ne divulguèrent point. Guillaume Marcel était né à Toulouse en 1647. Il est regardé comme le premier chronologiste de son siècle, et possédait, dit-on, entre autres facultés éminentes, une mémoire si prodigieuse, qu'il pouvait désigner par leur nom tous les soldats d'un bataillon, pourvu que ceux-ci eussent défilé une fois devant lui en se nommant tour à tour. Il savait sept langues, dans chacune desquelles il dictait en même temps à sept personnes ; enfin il exécutait mentalement en quelques instants les calculs arithmétiques les plus longs et les plus compliqués.

Après les tentatives infructueuses d'Amontons et de Marcel, plus de cinquante années s'écoulent pendant lesquelles le problème de la télégraphie semble complètement oublié. Il reparaît pendant la seconde moitié du XVIIIᵉ siècle, au milieu de ce prodigieux mouvement intellectuel qui n'a fait depuis que grandir et s'étendre. A cette époque, la découverte de la transmissibilité du fluide électrique à l'aide des corps appelés *conducteurs* vint ouvrir aux recherches télégraphiques une voie nouvelle, qui ne devait être un instant abandonnée que pour être, bientôt après, définitivement reprise. Georges-Louis Lesage, professeur de physique et de mathématiques à Genève, établit dans cette ville en 1774 un véritable télégraphe électrique composé de vingt-quatre fils métalliques enveloppés d'une substance isolante, et dont chacun aboutissait à un électromètre correspondant à une des lettres de l'alphabet. Les boules des électromètres étaient impressionnées par une machine électrique ou par un corps électrisé mis en contact avec l'extrémité opposée des fils métalliques.

Lesage fit part de son invention à plusieurs de ses amis, entre autres à d'Alembert, qui lui conseilla d'en faire hommage au roi de Prusse Frédéric II; mais ce monarque était alors entièrement absorbé par les préoccupations de la guerre et de la politique, et Lesage voulut attendre un moment plus opportun, qui ne vint point.

En 1787, Lomond, physicien français, conçut une idée semblable, ou peut-être reprit celle de Lesage, et lui donna un commencement d'exécution. L'écrivain anglais Arthur Young décrit en ces termes, dans son *Voyage en France*, le procédé de Lomond :

« Vous écrivez deux ou trois mots sur le papier; il les prend avec lui dans une chambre, et tourne une machine dans un étui cylindrique au haut duquel est un électromètre avec une jolie balle en moelle de plume; un fil d'archal est joint à un pareil cylindre placé dans un appartement éloigné, et sa femme, en remarquant les mouvements de la balle qui y correspond, écrit les mots qu'ils indiquent; d'où il paraît qu'il a formé un alphabet du mouvement. Comme la longueur du fil d'archal ne fait aucune différence sur l'effet, on pourrait entretenir une correspondance de fort loin, par exemple avec une ville assiégée, ou pour des objets beaucoup plus dignes d'attention ou mille fois plus innocents... Quel que soit l'usage qu'on en pourra faire, la découverte est admirable. »

Cinq ans auparavant, dom Gauthey, religieux bénédictin de l'abbaye de Cîteaux, avait proposé à l'Académie des sciences de Paris un moyen moins rapide, mais plus simple, plus facile et plus direct, de s'entretenir avec des personnes placées à des distances quelconques. Le moyen était basé sur la transmissibilité du son dans un tube qui l'empêche de se disperser. Dom Gauthey proposait d'établir des lignes de tuyaux métalliques à travers lesquels on pourrait, de poste en poste, se communiquer des avis sans autre secours que celui de la voix humaine. Sur un rapport favorable de l'Académie, Louis XVI ordonna des épreuves. Un essai fut exécuté à l'aide d'un des conduits servant à distribuer l'eau puisée par la pompe de Chaillot; ce conduit avait sept cent soixante-dix-neuf mètres de long. Le résultat justifia pleinement les promesses du moine, qui demanda que de nouvelles expériences fussent faites, mais cette fois avec une série de tubes occupant une étendue de cinq cent quatre-vingt-quatre mille sept cents mètres. La voix, disait-il, arriverait distincte et forte d'une extrémité à l'autre en moins d'une heure. L'établissement de cet immense canal *téléphonique* parut trop onéreux pour l'État, et le gouvernement refusa de l'entreprendre. C'était une inconséquence, et il eût autant valu s'abstenir de tout essai, puisque après le succès on agissait comme on eût fait en cas de non-réussite. Dom Gauthey s'adressa au public, ouvrit une souscription; mais le public avait déjà porté sur un autre objet son éphémère enthousiasme, et la souscription ne fut pas remplie. Le malheureux bénédictin partit pour l'Amérique, où il espérait rencontrer plus de sympathie. Il y fit imprimer l'exposé de son système; mais dans le nouveau monde, pas plus que dans l'ancien, il ne put parvenir à triompher de l'indifférence opiniâtre de ses contemporains. Son nom est oublié aujourd'hui, ainsi que sa découverte, fondée pourtant sur une loi physique dont la réalité fut plus tard démontrée d'une manière irréfragable par MM. Jobart, Biot et Hassenfratz. Le premier a constaté que le mouvement d'une montre placée à l'extrémité d'un tube métallique de seize mètres s'entend très distinctement à l'autre extrémité. Les deux derniers ont entendu une conversation à *voix basse* en se mettant aux deux bouts opposés d'un tube d'un kilomètre de long, et cela sans être obligés, pour entendre ou se faire entendre, d'appliquer l'oreille ou la bouche contre l'orifice. Le procédé de dom Gauthey était donc parfaitement rationnel; il était en outre d'une application facile et médiocrement dispendieuse; mais il eut le malheur de se produire dans un moment où l'utilité d'un système de correspondances rapides et fréquentes n'était pas suffisamment démontrée, et où, dans la multitude des choses nouvelles qui surgissaient chaque jour, le public prenait au hasard celles qu'il lui plaisait d'honorer de son attention et de sa confiance. Aujourd'hui que nous possédons le télégraphe électrique, il n'y a point d'apparence qu'on revienne au procédé *téléphonique* de dom Gauthey pour les communications à grande distance.; mais on sait que ce procédé est devenu tout à fait usuel depuis plusieurs années dans les grandes administrations, voire dans les petites et dans beaucoup de maisons particulières, où des tuyaux flexibles, fixés contre les murs et traversant les planchers et les cloisons comme des cordons de sonnette, permettent de causer, sans se déranger, d'une pièce, d'un étage, et même d'un corps de bâtiment à l'autre. Ces tuyaux, terminés par de petits évasements en bois et munis de sifflets d'avertissement, ne sont qu'une application en petit de la belle invention de dom Gauthey.

Parmi les précurseurs de la télégraphie contemporaine, nous devons citer encore le célèbre avocat et journaliste Linguet, qui, enfermé à la Bastille en 1783, avait offert, pour obtenir sa grâce, au ministre Maurepas, « un moyen de transmettre aux distances les plus éloignées des nouvelles de quelque espèce et de quelque longueur qu'elles fussent, avec une rapidité presque égale à l'imagination : » offre dont on ne tint aucun compte; — Dupuis, auteur de l'*Origine des cultes*, qui, en 1788, établit sur sa maison, à Belleville, un appareil pour correspondre avec un de ses amis demeurant à Bayeux; — enfin Bergstrasser, professeur à Hanau, qui publia de 1784 à 1788, sous le nom de *Synthématographie*, plusieurs volumes sur l'art d'entretenir à distance des communications promptes à l'aide de signaux répondant à un langage abrégé. Il eut le mérite de créer un alphabet de chiffres fort ingénieux, qu'il nomma *Thessaropentade*, parce qu'il était fondé sur la combinaison des unités par quatre et par cinq; mais il eut le tort d'oublier qu'à l'abréviation des signes du langage doit, en fait de télégraphie, se joindre un système de manœuvres promptes et simples. Non content d'employer d'abord le feu, la fumée, les cloches, les trompettes, le canon, les fanaux, les pavillons, la musique, etc., il en vint à transformer un régiment tout entier en une machine vivante, à laquelle il fit exécuter, en présence du prince de Hesse-Cassel, des manœuvres soi-disant télégraphiques. Le prince en pensa mourir de rire.

Cette idée plus que bizarre trouva quelque temps après un imitateur dans un certain baron Boucherœder, qui voulut dresser de la même façon un régiment de chasseurs hollandais dont il était colonel. Les rhumatismes, les pleurésies et la désertion, eurent bientôt fait dans les rangs des vides immenses ; le peu d'hommes qui restait se mit en état de rébellion. Le colonel se rend à Vienne, demande une audience à l'empereur et se plaint amèrement de l'insubordination de ses soldats. L'empereur le croit fou et l'éconduit sans daigner lui répondre. On assure que le pauvre colonel en conçut un dépit qui le conduisit au tombeau.

II

Télégraphie aérienne. — Claude Chappe. — Le télégraphe au séminaire. — Les frères Chappe à Paris. — Établissement d'une première ligne télégraphique de Paris à Lille. — Développements successifs de la télégraphie aérienne en France. — Structure et manœuvre du télégraphe de Chappe. — Le télégraphe aérien en Italie, en Espagne, en Allemagne, en Suède, en Angleterre, en Turquie, en Égypte, en Russie, etc.

« Ceux-là sont les inventeurs, dit un publiciste, qui exécutent ce qu'on ne connaissait auparavant que comme une chose possible. » A ce compte on ne peut refuser à l'abbé Chappe le titre d'inventeur du télégraphe. Ce titre ne lui a d'ailleurs jamais été contesté que par quelques envieux de bas étage, et à l'aide d'arguments puérils ; mais l'Europe entière a salué en lui l'homme ingénieux et savant auquel les peuples ont dû, pendant plusieurs années, un précieux moyen de communication.

Claude Chappe était neveu du savant Chappe d'Auteroche, qui mourut en Californie, victime de son dévouement à la science. Il naquit à Brûlon (Maine) en 1763. Destiné par son père à l'état ecclésiastique, il fit ses études au séminaire, tandis que ses frères étaient placés dans un pensionnat à quelque distance. Les deux établissements étaient situés de telle sorte qu'on pouvait aisément correspondre par signes de l'un à l'autre. Le jeune Claude, doué d'un esprit actif et inventif, eut bientôt imaginé et construit un appareil destiné à établir entre ses frères et lui des rapports plus fréquents et plus suivis que ne l'eût permis sans cela l'austère discipline du séminaire. Cet appareil était formé de trois règles en bois, l'une tournant sur un pivot vertical, les deux autres, plus courtes de moitié, adaptées à chaque extrémité de la première, et également mobiles. Les diverses positions que pouvaient prendre ces trois pièces combinées fournissaient à nos écoliers cent quatre-vingt-douze signes, qui suffisaient au besoin de leur correspondance.

Après avoir pris ses grades et reçu les ordres, Claude obtint à Provins et à Bagnolet deux bénéfices dont il consacra les revenus à satisfaire son goût pour les sciences. Plusieurs mémoires intéressants, publiés dans le *Journal de physique,* lui ouvrirent bientôt les portes de quelques sociétés savantes, entre autres de la société Philomatique. Bientôt éclata la révolution. Privé de ses bénéfices, Claude Chappe rentra dans sa famille, et comme ses frères s'étaient vus, ainsi que lui, atteints dans leur position par les événements, il chercha à tirer parti pour eux et pour lui-même de l'invention qui n'avait d'abord été à leurs yeux qu'un jeu d'enfants.

Deux de ses frères, Abraham et René, s'unirent à lui pour perfectionner et utiliser, s'il était possible, la machine télégraphique. Celle dont ils s'étaient servis naguère leur paraissant trop imparfaite, ils essayèrent successivement plusieurs autres procédés, et firent, à l'aide de l'électricité, quelques expériences dont le seul résultat fut de vider leurs bourses. Ils en revinrent alors au télégraphe aérien, et en firent pour la première fois, dans le parc de Brûlon, un essai qui parut décisif. Un procès-verbal fut dressé et signé par les fonctionnaires municipaux du lieu, et les trois frères Chappe se rendirent à Paris.

On était à la fin de l'année 1791. Un premier appareil fut posé à la barrière de l'Étoile ; des hommes masqués l'enlevèrent pendant la nuit, sans qu'on ait pu savoir qui ils étaient, ni quel motif les avait poussés à cet acte odieux de violence et de vandalisme. Au commencement de l'année suivante, une nouvelle machine fut construite, et placée dans le parc de Saint-Fargeau, à Ménilmontant. Elle eut, comme la précédente, une fin tragique. Quelques sans-

culottes exaltés du voisinage virent dans ces pièces de bois
sans cesse en mouvement un engin contre-révolutionnaire.
Ils firent un matin irruption dans le parc, brûlèrent le télégraphe, et manifestèrent à l'égard des inventeurs des inten-
tions si peu bienveillantes, que ceux-ci jugèrent prudent de
se retirer.

Ces deux échecs pourtant, loin de décourager l'abbé
Chappe, ne firent qu'exciter son ardeur. Il redoubla d'efforts, et parvint à soutenir le zèle de ses frères, près de
défaillir.

Heureusement un quatrième des leurs (ils étaient nombreux dans cette famille) fut, sur ces entrefaites, envoyé
à l'Assemblée législative par le département de la Sarthe.
Grâce au crédit du nouveau représentant, ils furent auto-
risés à établir à leurs frais trois postes télégraphiques, à
Ménilmontant, à Écouen et à Saint-Martin-du-Tertre; mais
le plus important et le plus difficile était d'obtenir que le
gouvernement voulût bien se donner la peine d'examiner
leur système. Les rapports, mémoires et procès-verbaux
restèrent ensevelis dans les cartons du ministère de l'instruc-
tion publique jusqu'à ce qu'enfin, en 1793, le député Romme
les découvrit par hasard, prit l'affaire à cœur, et usa de son
initiative pour appeler sur le projet des frères Chappe
l'attention sérieuse de la Convention.

Cette assemblée vota une somme de six mille francs
pour faire les frais de nouvelles expériences, qui eurent lieu
les 12, 13 et 14 juillet, en présence de Daunou et de La-
kanal, commissaires délégués. Sur les rapports de ces derniers, la Convention ordonna l'établissement immédiat d'une
ligne entre Paris et Lille, centre principal des opérations
de l'armée du Nord.

Elle en confia la direction à Claude Chappe, qui reçut
en même temps le titre d'*ingénieur télégraphe,* avec les
appointements de lieutenant du génie. Les travaux furent
conduits avec intelligence, exécutés avec énergie; ils ne
furent pourtant terminés qu'au bout d'une année, et le
nouveau mode de communication ne put être inauguré que
le 30 novembre 1794.

Il le fut par la nouvelle d'une victoire. Carnot vint ap-

porter à la Convention la dépêche télégraphique annonçant
que Condé venait d'être reprise aux Autrichiens. La Convention fit répondre aussitôt « que l'armée du Nord avait bien
mérité de la patrie », et rendit un décret par lequel le nom
de Condé était changé en celui de *Nord-Libre*. Quelques
minutes après, on venait annoncer que la réponse et le décret
étaient parvenus à destination et avaient causé une profonde
sensation.

Les Autrichiens, ne comprenant rien à cette rapidité
extraordinaire de communications, crurent que la terrible
assemblée avait transporté son siège au milieu du camp
français.

Malgré cet éclatant début, la télégraphie aérienne se développa assez lentement en France. La seconde ligne, celle
de l'Est, et la troisième, celle du Midi, ne furent organisées
qu'en 1798 et 1799, par le Directoire exécutif.

En 1805, Napoléon fit commencer celle de Paris à Milan.
On doit celle de Lyon au gouvernement de Louis XVIII.
La direction et l'entretien des lignes télégraphiques devinrent
aussi graduellement l'objet d'une administration importante, à la tête de laquelle les frères Claude, Abraham
et René Chappe furent placés dès le début. Le premier se
promenait, le soir du 23 janvier 1805, dans un jardin, à la
suite d'un dîner de savants ; tout occupé d'une discussion
qui, soulevée à table, se prolongeait au delà du dessert, il
ne vit pas un puits dont l'orifice était à fleur de terre, et s'y
laissa tomber. On l'en retira mort. Ses deux frères conser-
vèrent leurs fonctions jusqu'en 1830, époque où les boulever-
sements politiques les forcèrent de nouveau à regagner leurs
foyers.

Le télégraphe de Chappe se composait de trois pièces
mobiles. La pièce principale, qu'on nommait *régulateur*,
était longue de quatre mètres. Elle avait pour point d'appui
à son milieu un mât planté sur la plate-forme de l'édifice
où résidait le *stationnaire*. Aux extrémités du régulateur se
trouvaient deux branches d'un mètre de long : c'étaient les
ailes ou *indicateurs*. Ces branches étaient formées de lames
minces couchées les unes sur les autres et encadrées dans
un châssis très étroit. Elles joignaient à une grande légèreté

l'avantage de ne pas donner prise au vent. Elles étaient peintes en noir. La machine était mise en mouvement à l'aide de cordes métalliques venant se fixer aux diverses parties d'un autre télégraphe appelé *répétiteur*, placé dans l'intérieur du bâtiment, et qui était, pour ainsi dire, la réduction de l'appareil principal. Ce dernier répétait donc exactement tous les mouvements que le stationnaire faisait exécuter à l'autre.

Les différentes positions communes ou relatives que pouvaient prendre les trois branches correspondaient à des signes convenus, dont le gouvernement se réservait le secret, et dont il changeait la clef à des intervalles très rapprochés.

Lorsque la remarquable et utile invention de Chappe fut connue en Europe, elle y causa une sensation profonde, et presque partout une vive admiration ; comme d'ailleurs la construction et la manœuvre adoptées chez nous étaient ce qu'on pouvait imaginer de mieux, on se contenta généralement de les imiter le plus exactement possible.

En Espagne, en Italie, notre système s'établit sans difficulté. Il prévalut aussi en Allemagne, malgré les efforts du professeur Bergstrasser.

Celui-ci, ne pouvant se consoler de l'oubli auquel cette découverte si simple et si ingénieuse à la fois condamnait sa prétendue *synthématographie*, ne négligea rien pour déprécier et ridiculiser le télégraphe français, et même pour le rendre suspect aux yeux des gouvernements de l'Europe. Il le représenta comme un simulacre de machine, incapable de rendre aucun service réel, et destiné seulement à donner le change tant au public français qu'aux nations étrangères.

« Je pense, écrivait-il, que les Français n'emploient leur télégraphe à autre chose qu'à un but politique. On s'en sert pour amuser les Parisiens, qui, les yeux sans cesse fixés sur la machine, disent : *Il va, il ne va pas.* On profite de cette occasion pour détourner l'attention de l'Europe, et en venir insensiblement à ses fins. »

Le climat brumeux de certains pays septentrionaux, tels que l'Angleterre, l'Écosse et la Suède, rendit impossible dans ces contrées l'emploi de notre appareil; M. Endelrantz, auquel la Suède dut l'établissement de ses télégraphes, essaya successivement plusieurs combinaisons. Celle à laquelle il s'arrêta consistait en un grand cadre, « dont l'intérieur était rempli par dix volets placés à égale distance l'un de l'autre et sur trois rangées verticales, dont celle du milieu

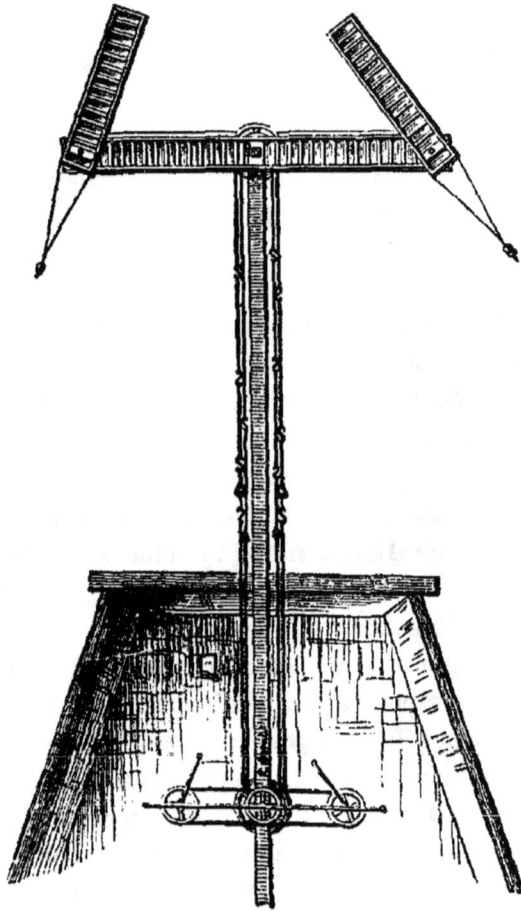

Télégraphe de Chappe.

en contenait quatre ; ces volets étaient fixés chacun sur un axe qui tournait dans des trous pratiqués au côté du cadre ; ils prenaient une position verticale ou horizontale, d'après les mouvements qu'ils recevaient par ses axes, et, en s'ouvrant ou se fermant ainsi, ils produisaient mille vingt-quatre signaux[1]. »

[1] Chappe l'aîné, *Histoire de la télégraphie.*

Le télégraphe anglais était fondé sur les mêmes principes ; mais il subit, depuis son origine, de nombreuses modifications, qui ne purent l'amener cependant au degré de perfection nécessaire pour remédier au peu de transparence de l'atmosphère. L'invention de la télégraphie électrique est venue heureusement ; et, grâce à elle, nos voisins se moquent aujourd'hui des difficultés dont ils n'eussent jamais pu triompher avec des châssis, des volets et des lanternes.

L'empire ottoman, qui se pique de ne pas rester en arrière, tout turc qu'il est, des progrès de la civilisation, voulut, lui aussi, avoir des télégraphes. Le sultan fit demander au gouvernement français un dessin de notre machine à signaux ; mais aucun ingénieur turc ne put réussir à l'exécuter et à la faire fonctionner convenablement. Le vice-roi d'Égypte, Méhémet-Ali, fut plus heureux ou plus habile ; il réussit du moins à reproduire exactement les modèles qui lui furent envoyés de France, et à établir une ligne télégraphique entre le Caire et Alexandrie.

Le czar, à qui l'immense étendue de son empire devait faire apprécier plus qu'à tout autre prince les avantages d'un moyen de communication prompt, exclusivement réservé à l'autorité et à ses agents supérieurs, indépendant enfin, ou peu s'en faut, de l'état des routes et des voies de transport, — le czar ne pouvait manquer d'encourager, de provoquer même de tout son pouvoir l'importation du télégraphe en Russie. Toutefois peu s'en fallut que, comme le sultan, il ne se vît obligé de renoncer à ce puissant auxiliaire de son autorité.

Plusieurs projets furent présentés, plusieurs expériences eurent lieu sans succès. Enfin, en 1832, l'ingénieur français Chateau, qui avait été destitué, en 1830, avec les frères Chappe, alla offrir ses services à l'empereur Nicolas. Il établit entre Saint-Pétersbourg, Varsovie et Cronstadt, une double ligne comprenant en tout cent cinquante-six postes ; l'appareil qu'il mit en usage était, sauf quelques modifications de peu d'importance, le même que celui de Chappe.

La Belgique, la Hollande et le Danemark, adoptèrent le

système français, qui fut établi dans les deux premiers de
ces royaumes par l'empereur Napoléon. Dans le troisième,
on essaya d'abord un appareil proposé par un certain
M. Volque; mais il paraît que cet appareil ne tint pas les
promesses de son auteur; car en 1809 le consul général de
Danemark à Paris demanda pour son gouvernement un télégraphe français, qui, on le pense bien, lui fut accordé sans
difficulté.

III

Télégraphie électrique. — François Salva. — Reiser. — Sœmmering. — Découverte de l'électro-magnétisme. — Œrsted. — Ampère. — Observations de Schweiger. — Le rhéomètre. — Télégraphes électriques de Schilling et d'Alexander. — Découverte de l'aimantation temporaire par Arago. — Principe fondamental de la télégraphie électrique actuelle. — La télégraphie électrique en Angleterre. — Wheatstone. — Télégraphes à cadran et à double aiguille. — La télégraphie électrique aux États-Unis. — M. Samuel Morse. — Télégraphe écrivant. — Télégraphe électrique en France. — Télégraphe mixte de MM. Foy et Bréguet. — Télégraphe à clavier de M. Froment. — Télégraphe à cadran de M. Bréguet. — Télégraphe imprimant de Hughes. — Télégraphes autographiques ou pantélégraphes de Caselli et de Meyer. — Appareils accessoires de la télégraphie électrique : sonnerie et parafoudre. — Les fils électriques : fils aériens et fils souterrains.

L'invention des frères Chappe fut, pour l'époque où elle parut, un incontestable bienfait; mais les contemporains eux-mêmes ne purent, dans leur admiration enthousiaste, s'en dissimuler les défectuosités. En premier lieu, l'usage du télégraphe aérien était forcément restreint aux communications officielles. C'était un instrument fort précieux entre les mains du gouvernement; mais quant aux simples particuliers, ils ne pouvaient que contempler de loin, avec une respectueuse admiration, cet engin exclusivement politique qui eût perdu tout son prestige et toute sa valeur le jour où ils eussent pénétré le sens de sa mystérieuse pantomime. Et même pour les pouvoirs publics, qui seuls avaient le droit de le faire parler et de l'interroger, combien il était insuffisant ! Nous ne parlerons pas de sa lenteur, qui semblait alors une prodigieuse célérité. Mais d'abord, une fois le soleil couché, le télégraphe aérien ne pouvait que dormir jusqu'au jour. On avait bien essayé de le rendre visible la nuit par des procédés d'éclairage plus ingénieux et plus perfectionnés les uns que les autres ; mais aucun de ces procédés n'avait résolu le problème. On ne connaissait pas, en ce temps, la lumière électrique, et lorsqu'on la connut, le télégraphe aérien n'existait déjà plus. Ce n'est pas tout : il n'y avait pas que la nuit qui le condamnât forcément à l'immobilité. Pour peu que l'atmosphère vînt à se charger de vapeurs, la malheureuse machine agitait en vain ses bras :

> On voyait peut-être encore quelque chose,
> Mais on ne distinguait plus rien,

et la plus importante dépêche était, selon une formule bien connue, « interrompue par le brouillard. » Ce qui fit que, dans les climats brumeux, tels, par exemple, que celui de l'Angleterre, la fonction du télégraphe aérien fut toujours, ou peu s'en fallait, une sinécure.

L'avènement de la télégraphie aérienne et son installation dans presque tous les États civilisés n'étaient donc pas faits pour décourager ceux qui avaient deviné dans l'électricité un agent dont la puissance et la vitesse étonnantes sauraient un jour s'imposer en quelque sorte à notre civilisation, et se substituer peut-être successivement à toutes les autres forces physiques que nous avons asservies à notre volonté. Les expériences faites par Lesage et Lomond furent reprises en 1787 par le docteur espagnol François Salva. Ce savant médecin, aux efforts duquel l'Espagne est redevable de l'introduction et de la propagation de la vaccine, présenta à l'Académie de Madrid un mémoire sur la reproduction des signaux par l'électricité. Des essais eurent lieu en présence du roi, du prince de la Paix, de l'infant don Antonio. On a même affirmé que ce dernier chargea en 1788 le docteur Salva de lui construire un télégraphe, et l'on ajoute que l'infant fut un jour informé ainsi d'une nouvelle fort importante ; mais comme on n'indique ni les lieux où ce télégraphe aurait été établi, ni la distance entre les deux extrémités de la ligne, ni enfin la nature du service rendu au prince, il est permis de révoquer en doute ces faits, qui d'ailleurs n'ont aucune importance scientifique.

En 1794, l'Allemand Reiser proposa de fixer sur une table de verre des caractères découpés dans une feuille de zinc. A chacun de ces caractères eût abouti un fil de fer. Les fils eussent été au nombre de trente-cinq, savoir : vingt-cinq pour les lettres de l'alphabet, et dix pour les chiffres. Une machine électrique présentée à l'extrémité de chacun de ces fils, isolés dans des tubes de verre, eût tiré une étincelle des caractères correspondants, que l'on eût écrits au fur et à mesure. Ce projet, quoique très rationnel, n'eut pas plus de suite que les précédents. Les résultats négatifs de ces premières tentatives s'expliquent suffisamment par le peu de ressources qu'offrait l'électricité *statique,* seule connue alors. Cette électricité, qui se dégage à l'aide du frottement, possède une tension qui dépend de l'énergie du frottement, de l'étendue et de la nature des corps entre lesquels il s'exerce ; elle cesse de se produire dès qu'on cesse d'agir, et comme elle n'est, à ce qu'il semble, que répandue à la surface des corps électrisés, elle les abandonne d'autant plus promptement que sa tension est plus grande.

Ces circonstances eussent sans doute opposé une barrière infranchissable à l'application et au progrès sérieux de la télégraphie électrique, si la belle découverte faite par Volta dans la première année de ce siècle ne fût venue ouvrir à cet art ingénieux un horizon nouveau, en lui fournissant dans la *pile électrique* une source égale et constante d'où le fluide électrique jaillit en un courant sans fin. Pourtant dix années encore s'écoulèrent après l'apparition de cette précieuse machine, sans que personne songeât à s'en servir pour transmettre des signaux. Ce ne fut qu'en 1811 que le physicien allemand Sœmmering comprit le parti qu'on en pouvait tirer, pronostiqua les immenses services que le fluide électrique devait rendre un jour et signala les avantages incomparables du télégraphe électrique sur le télégraphe aérien. A la vérité, l'appareil qu'il proposa péchait par une trop grande complication. Sœmmering voulait mettre à profit la propriété que possède l'électricité de séparer les éléments qui forment les corps composés. Son système ressemblait d'ailleurs à celui de Reiser. Seulement, d'une part l'ancienne machine électrique était remplacée par une pile voltaïque d'où partaient *trente-cinq* fils doubles isolés les uns des autres par une enveloppe de soie ; d'autre part, aux caractères métalliques il avait substitué de petits vases pleins d'eau distillée. Lorsque le courant passait par un des fils, l'eau se décomposait instantanément dans le vase correspondant, ce qui indiquait la lettre ou le chiffre à noter. Ce système eût peut-être prévalu s'il ne se fût produit dans un de ces moments où le progrès scientifique précipite sa marche à tel point, que quiconque s'arrête un seul instant dans la voie des découvertes se voit aussi dépassé de bien loin par quelque coureur plus hardi ou plus heureux.

En 1820, Œrsted, professeur à Copenhague, reconnut qu'un courant électrique circulant autour de l'aiguille aimantée, même à une certaine distance de celle-ci, la fait sensiblement dévier de sa direction habituelle. Ce phénomène est devenu la base sur laquelle s'est élevée toute une partie nouvelle des sciences physiques : l'électro-magnétisme. En outre, les physiciens y virent bientôt la source d'une foule d'applications utiles, et l'un de nos plus illustres savants songea tout d'abord au parti qu'on en pourrait tirer pour résoudre le problème dont on se préoccupait alors particulièrement : la transmission rapide des idées. Ampère s'exprimait ainsi le 2 octobre 1820 (*Annales de physique et de chimie,* t. XV) : ... D'après cette expérience, on pourrait, au moyen d'autant de fils conducteurs et d'aiguilles aimantées qu'il y a de lettres, et en plaçant chaque lettre sur une aiguille différente, établir, à l'aide d'une pile placée loin de ces aiguilles et qu'on ferait communiquer alternativement par ses deux extrémités à l'aide de chaque fil conducteur, une sorte de télégraphe propre à écrire tous les détails qu'on pourrait transmettre, à travers quelques obstacles que ce soit, à la personne chargée d'observer les lettres placées sur les aiguilles. En établissant sur la pile un clavier dont les touches porteraient les mêmes lettres et établiraient la communication par leur abaissement, ce moyen de correspondance pourrait avoir lieu avec assez de facilité, et n'exigerait que le temps nécessaire pour toucher d'un côté et lire de l'autre chaque lettre. » Cette théorie, ou mieux cet aperçu était assurément conforme dans sa donnée principale à ce que nous pratiquons aujourd'hui : c'était déjà l'électricité employée, non plus comme agent chimique, mais comme force motrice ; toutefois cette force motrice pouvait encore paraître bien insuffisante même pour le faible effort qu'on en attendait : il fallait trouver un moyen de multiplier à volonté sa puissance. Cette découverte ne se fit pas attendre. Schweiger, physicien allemand, remarqua que chaque circonvolution du fil conducteur augmentait la force du courant d'une quantité égale à celle produite primitivement par un seul circuit, pourvu que le fil fût isolé sur toute sa longueur. Il fonda sur cette importante observation un appareil appelé *galvanomètre-multiplicateur* ou *rhéomètre,* dont on se servit pour augmenter l'intensité de l'action galvanique sur les aimants.

Un savant amateur, le baron Schilling, construisit à Saint-Pétersbourg, en 1833, un télégraphe électrique d'après la théorie d'Ampère, et en faisant usage du précieux instrument dont Schweiger venait d'enrichir la science. Cinq fils de platine enduits de gomme-laque et enveloppés de soie communiquaient à l'une des stations avec un clavier à autant de touches, au moyen desquelles on pouvait diriger dans l'un quelconque de ces fils le courant produit par une pile galvanique. A l'autre station, chaque fil aboutissait à un rhéomètre agissant sur une aiguille aimantée. Chaque aiguille ayant deux mouvements, les cinq fils de platine permettaient d'indiquer les dix caractères de la numération, et par suite, à l'aide d'une *clef* convenue, les lettres, les syllabes, les mots, les phrases même nécessaires à l'expression de la pensée. L'empereur Nicolas projetait de faire établir entre les diverses parties de la Russie des lignes télégraphiques d'après ce système, lorsque le baron Schilling mourut sans laisser après lui personne qui fût capable de le remplacer. En 1837, un télégraphe fut construit en Écosse par M. Alexander, d'Édimbourg, d'après les mêmes principes que celui de Schilling ; mais il devait subsister peu de temps et céder bientôt la place à l'un des appareils moins coûteux et moins compliqués qui sont aujourd'hui en usage dans les îles Britanniques.

Sur ces entrefaites une nouvelle découverte, décisive relativement à la question qui nous occupe, vint renverser le dernier obstacle qui s'opposait encore à l'établissement définitif et général de la télégraphie électrique en Europe. Arago observa les effets d'une loi connue maintenant en physique sous le nom d'*aimantation temporaire*. Cette loi peut se formuler ainsi : 1º Un courant galvanique circulant

Volta.

autour d'une lame de fer doux, c'est-à-dire parfaitement pur, lui communique immédiatement les propriétés de l'aimant naturel[1] ; 2º ces propriétés sont d'autant plus sensibles, que le fil conducteur forme autour du morceau de fer doux un plus grand nombre de spires indépendantes les unes des autres ; 3º l'aimantation disparaît dès que le courant s'arrête, et reparaît dès qu'il recommence à circuler. On donne le nom d'*électro-aimant* à l'appareil au moyen duquel ce phénomène est produit. L'électro-aimant est une pièce en fer doux, autour de laquelle un fil conducteur parfaitement recouvert d'une substance non conductrice, et communiquant à volonté avec les deux pôles d'une pile, s'enroule comme

[1] Tout le monde sait que la propriété essentielle de l'aimant est d'attirer le fer.

un fil ordinaire autour d'une bobine. Nos lecteurs ont déjà
deviné que c'est l'électro-aimant qui est le moteur et l'âme
du télégraphe électrique, et qu'une fois en possession de ce
précieux instrument, on n'eut plus, pour ainsi dire, que
l'embarras du choix entre les différentes manières de l'employer.

Voici sommairement en quoi consiste le mécanisme fondamental du télégraphe électrique, ainsi que de toutes les
machines magnéto-électriques.

Le fil conducteur enveloppé de soie s'enroule autour de
deux cylindres ou *bobines* en fer doux, formant un double
électro-aimant, et ses prolongements communiquent avec
les deux pôles de l'appareil producteur du courant, c'est-
à-dire d'une pile voltaïque ou d'une machine d'induction
magnéto-électrique ou électro-magnétique. Un peu au-dessus
des bases supérieures des bobines se trouve une pièce en
fer munie en son milieu d'une tige que supporte un ressort
d'acier. C'est l'*armature* de l'électro-aimant. Si maintenant
on fait circuler le courant dans le fil métallique enroulé
autour des bobines, celles-ci seront transformées tout à coup
en un double aimant qui attirera la pièce de fer, et celle-ci
viendra s'appliquer sur leur face supérieure. Si, l'instant
d'après, le courant est interrompu, l'armature cessera d'être
attirée, et, obéissant au ressort dont elle est munie, elle
reprendra aussitôt sa position première. De là un mouvement de va-et-vient indéfiniment reproductible, et qu'on
peut utiliser de cent façons pour l'exécution des signes et
signaux.

Les procédés employés pour la transmission des dépêches
ont varié et surtout se sont *perfectionnés d'une manière
vraiment merveilleuse* depuis l'origine de la télégraphie
électrique, ainsi que le lecteur pourra le voir s'il veut bien
suivre avec nous le rapide développement de cette invention,
— nous allions dire de cette institution.

Le télégraphe électrique s'est établi à peu près simultanément en Angleterre et aux États-Unis. Il fonctionnait depuis
l'année 1837 dans le premier de ces deux pays, mais seulement
pour l'usage des chemins de fer; et comme on ne savait
encore tirer parti que des déviations de l'aiguille aimantée, le

nombre des signaux était forcément restreint à ce qu'exigeait le service des *railways*. La plupart de ces lignes télégraphiques avaient été établies par les soins de Wheatstone, savant physicien et mécanicien, dont la féconde initiative ne tarda pas à porter des fruits. En 1846, des spéculateurs, encouragés par les résultats incontestablement avantageux qu'avaient obtenus ces premiers efforts, songèrent à faire participer les principales villes du royaume aux bienfaits de ce moyen si rapide de communication. Une société se forma sous le nom de *Compagnie du télégraphe électrique*, et en quelques années ses opérations eurent pour résultat d'étendre sur l'île entière ce réseau magique qui a, pour l'échange des idées, supprimé les distances entre tous les centres industriels, littéraires et artistiques de la Grande-Bretagne.

Deux systèmes ont été d'abord et successivement adoptés chez nos voisins ; l'un et l'autre sont dus au génie inventif de Wheatstone. Le plus ancien est le *télégraphe à cadran*. Les vingt-cinq lettres de l'alphabet et les dix chiffres de la numération sont inscrits dans le même ordre sur deux cadrans placés chacun à l'une des extrémités de la ligne. Ces deux cadrans sont mobiles autour d'un axe. L'un, appelé *communicateur*, est mis en mouvement avec la main et à l'aide d'un appareil qui sert à la fois à établir le courant électrique et à faire prendre au caractère que l'on veut transmettre une position convenable. L'autre cadran, appelé *indicateur*, est fixé autour d'une roue à rochet que le mouvement de *va-et-vient* du disque en fer fait tourner d'un cran chaque fois qu'il se produit. Par cette combinaison, lorsqu'un des caractères tracés sur le *communicateur* est amené au point voulu, le même caractère écrit sur l'*indicateur* vient se montrer à une petite fenêtre pratiquée dans une plaque de cuivre placée devant le cadran. Le stationnaire n'a donc qu'à écrire les lettres et les chiffres à mesure qu'ils se présentent.

Dans le second système, qui s'est substitué au précédent sur la plupart des lignes anglaises, chaque station extrême possède deux cadrans immobiles sur lesquels tournent deux aiguilles. Une manivelle à poignée détermine à la fois la circulation du fluide électro-magnétique, et imprime aux aiguilles divers mouvements de gauche à droite ou de droite à gauche, qui, se répétant d'une station à l'autre, constituent pour les employés un véritable alphabet de sourds-muets. La machine est renfermée dans une caisse ; les poignées et les aiguilles sont les seuls instruments qui se voient extérieurement. Une autre caisse plus petite surmonte la première et contient un timbre dont le son donne aux employés le signal d'*attention*. La manœuvre du télégraphe à *double aiguille* est confiée de préférence, en Angleterre, à de jeunes garçons qui, grâce à la vivacité de leurs mouvements, grâce surtout au don qu'on possède à leur âge de se familiariser promptement avec un langage et des signes quelconques, s'acquittent de leur travail avec une prestesse et une habileté surprenantes.

Aux États-Unis, le télégraphe électrique n'est pas, comme on pourrait croire, une importation européenne : tant s'en faut. Les Américains l'ont eu non seulement sans nous, mais encore avant nous.

M. Samuel Morse, professeur à l'université de New-York, revenait de France aux États-Unis, au mois d'octobre 1832, à bord du paquebot *le Sully*, lorsque dans le cours d'une discussion entre lui, le capitaine du navire et quelques passagers, sur les effets de la pile de Volta, il conçut l'idée d'employer cet agent à la télégraphie. Sans doute M. Morse était au courant des découvertes scientifiques accomplies jusqu'alors ; sans doute les expériences de Sœmmering, de Schilling, lui étaient connues ; mais si ces découvertes et ces expériences avaient jeté sur le problème de vives clartés, elles n'en avaient pas encore amené la solution. M. Morse, lui, venait d'atteindre le but par la pensée ; la partie matérielle de sa tâche n'était déjà plus pour lui qu'une chose secondaire ; aussi ce fut avec la juste fierté d'un homme sûr de lui-même, qu'en débarquant il serra la main du capitaine et lui dit : « Capitaine, lorsque mon télégraphe sera devenu la merveille du monde, souvenez-vous que la découverte en a été faite à votre bord. » Cinq ans après (le 2 septembre 1837), il exécuta sur une étendue de douze kilomètres, en présence d'une commission mixte du congrès des États-Unis et de l'Académie des sciences de Philadelphie, des expériences dont le résultat ne laissait aucun doute sur le succès définitif de l'invention ; et, au mois de mars 1843, le congrès vota une somme de trente mille dollars pour fournir aux premiers frais d'une installation partielle du télégraphe électrique.

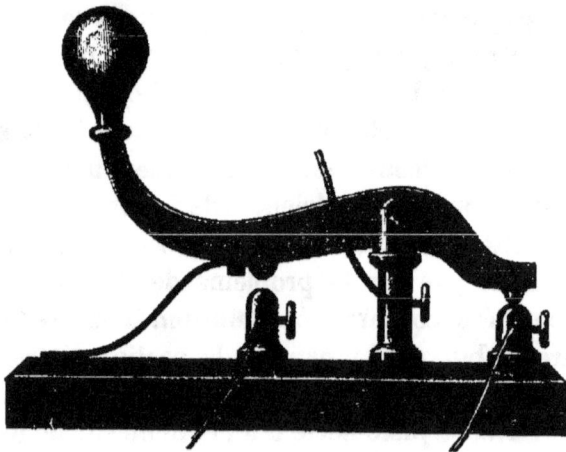

Télégraphe de Morse.

En 1871, les lignes télégraphiques s'étaient étendues et multipliées aux États-Unis au point de former un réseau dont la longueur totale était de cent treize mille sept cent trente kilomètres.

Le télégraphe inventé par M. Morse, et qui est généra-

lement adopté aux États-Unis, était un *télépraphe écrivant.*
L'armature de fer qui, dans les appareils anglais, faisait
tourner un cadran ou une aiguille, mettait ici en mouvement
un crayon, une plume ou une pointe d'acier qui traçait, sur
une feuille de papier déroulée sans cesse par une machine,
des signes simples, tels que des points, des lignes, dont la
combinaison ou la répétition formait un langage écrit familier aux employés.

On voit par ce qui précède que le télégraphe électrique
n'a eu, pour ainsi dire, qu'à se montrer aux États-Unis et
en Angleterre pour que le gouvernement et le public l'ac-
cueillissent non seulement avec faveur, mais même avec em-
pressement et enthousiasme. Il n'en a pas été de même dans
notre pays. La France, toujours au premier rang lorsqu'il
s'agit de jeter au monde une idée nouvelle, la perd de vue
le plus souvent dès qu'elle a pris son essor, et laisse à d'autres
le soin de l'appliquer et de la développer ; puis, lorsque
l'idée lui revient métamorphosée en fait, elle ne la reconnaît
plus, elle la renie, et ne se décide qu'à grand'peine à accorder ne fût-ce que le *droit de résidence* à cette fille devenue
étrangère. Ainsi, bien que les travaux d'Ampère et d'Arago
eussent été en quelque sorte le germe des belles inventions
de Samuel Morse et de Wheatstone, la France entendit longtemps avec indifférence et d'une oreille incrédule le récit des
merveilleux résultats que ces inventions avaient produits
en Angleterre et en Amérique. Quelques amis du progrès,
quelques savants s'en émurent ; mais le public et le gouvernement restèrent impassibles, et le fluide électrique circulait
déjà chez nos voisins d'outre-Manche sur un grand nombre
de railways, M. Morse avait déjà obtenu pour son appareil
les suffrages du congrès, que chez nous on discutait grave-
ment la forme des lanternes qu'il conviendrait d'adapter à la
machine de Chappe pour le service de nuit. Bien plus, le
physicien législateur chargé du rapport sur cette question
déclarait en pleine chambre des députés que le télégraphe
électrique était une chimère irréalisable ! — Cela se passait
en 1842. Ce verdict, prononcé d'une façon presque solen-
nelle par l'un des organes les plus éminents de la science,
allait entraîner une condamnation sans appel, lorsqu'un autre

savant, Arago, éleva la voix, réfuta sans peine le réquisitoire de son confrère, et obtint qu'avant de songer à perfectionner le télégraphe aérien, on voulût bien au moins examiner sérieusement et sans prévention injuste le télégraphe électrique. Une nouvelle commission fut nommée ; M. Foy, administrateur en chef des télégraphes, fut envoyé en Angleterre ; il en revint avec M. Wheatstone, que le gouvernement chargea d'installer une ligne électrique d'essai sur le chemin de fer de Paris à Rouen. Mais bientôt des différends s'élevèrent entre lui et les agents français, ceux-ci s'obstinant dans leur incrédulité méfiante, M. Wheatstone persistant à bon droit dans des affirmations déjà justifiées par l'expérience. Enfin M. Wheatstone renonça à leur faire entendre raison et partit, les laissant se tirer d'affaire comme ils pourraient. Livrés à eux-mêmes, MM. Foy et Bréguet crurent de leur honneur de n'imiter point ce qui avait été fait avant eux ; ils voulurent faire quelque chose de nouveau et en même temps de *national*. Ils proposèrent donc à la commission d'adapter au télégraphe électrique une miniature de l'appareil de Chappe, lequel exécuterait désormais à huis-clos, sous l'impulsion du fluide, les mêmes signaux qu'il exécutait naguère en plein vent à l'aide de poulies et de cordes. Ce singulier projet, qui réunissait ensemble deux systèmes de nature si différente, et qui compliquait comme à plaisir la manœuvre si simple en elle-même du télégraphe électrique, ce projet fut adopté. Le mécanisme ingénieux de ce *joujou* séduisit la commission, qui en décida l'installation sur toutes les lignes de chemins de fer. Et l'installation commença le 9 décembre 1844. Cependant les inconvénients de ce système étaient assez graves pour que la satisfaction d'avoir fait *autre chose* que les Anglais, les Américains et les Allemands, ne suffît pas à les compenser. Le premier, c'était de nécessiter l'emploi d'un appareil pour chaque branche de la petite machine, qui triplait la dépense si on voulait faire jouer le régulateur et les deux ailes ; le second, auquel on se condamnait pour compenser le premier et qui ne le compensait qu'à moitié, résultait de ce qu'on avait réduit le régulateur à l'immobilité : seules les ailes se mouvaient. Le nombre de signaux se trouvait ainsi réduit de moitié, et la correspondance, ne pouvant se faire qu'en répétant un grand nombre de fois les mêmes mouvements, était considérablement ralentie. Ces défauts, tout évidents et palpables qu'ils étaient, n'empê-chèrent pas le système mixte de prévaloir sur ceux, bien supérieurs, qui avaient été proposés. Nous citerons, parmi ces derniers, le *télégraphe à clavier* de M. Froment. Imaginez-vous un piano surmonté d'une horloge. Chaque touche du clavier répond à l'un des caractères placés autour du cadran. Lorsque la machine est réglée, il suffit d'appuyer le doigt sur la touche A, par exemple, pour que l'aiguille, tournant sur le cadran, s'arrête à la lettre A ; un second cadran réglé, mis en rapport avec le premier par un fil électrique, se trouve à la station extrême et marque les mêmes lettres dans le même instant. L'employé n'avait donc qu'à *jouer sa dépêche* sur son clavier comme un musicien joue une contredanse sur un piano, et, avec un peu d'habitude, la correspondance pouvait s'effectuer presque aussi rapidement que si les deux personnes conversaient de vive voix.

Le télégraphe à clavier de Froment fut considéré par quelques enthousiastes comme le dernier mot de la méca-nique appliquée à la télégraphie. Ce n'était pourtant encore qu'un essai, fort ingénieux sans doute, qui devait, quelques années plus tard, ainsi que les autres systèmes mis au jour antérieurement ou à la même époque, céder la place à d'autres bien supérieurs.

Et d'abord on doit à notre compatriote M. Bréguet, le col-laborateur de M. Foy, un télégraphe à cadran qui a réalisé sur celui de M. Wheatstone un notable perfectionnement, qui est aujourd'hui généralement en usage sur les lignes de chemins de fer. Cette préférence est due à la grande facilité de manœuvre que présente ce système, et qui permet à un employé quelconque, après un très court apprentissage, de manipuler pour l'envoi d'une dépêche et de lire les signaux à leur réception. Le *manipulateur* ou appareil d'expédition est un cadran de laiton fixé horizontalement sur une table, et sur le pourtour duquel sont tracées deux zones concen-triques divisées chacune en vingt-six cases ou secteurs con-tenant, l'une les vingt-cinq lettres de l'alphabet et une croix, l'autre les nombres de un à dix, puis une suite de signes spéciaux. Le bord du cadran présente en outre, au milieu de chacun des vingt-cinq secteurs, une petite échancrure où vient s'arrêter, sous la main de l'opérateur, la pointe dont est munie une manivelle à poignée, articulée sur l'axe du cadran, et qu'on fait tourner sur ce cadran dans le sens des aiguilles d'une montre. Chaque fois que la manivelle s'arrête sur un cran, l'aiguille du cadran récepteur, disposé à la station d'arrivée, s'arrête au signe correspondant, et l'employé n'a qu'à noter les lettres, chiffres ou signes qui lui sont indiqués. Nous pourrions signaler encore d'autres télégraphes à cadran, tels que ceux de MM. Drescher, Glœsener, Paul Garnier, Kromer, Regnard, Froment, Siemens et Halske, etc. Mais il nous tarde d'arriver aux télégraphes imprimants et autographiques.

L'idée première du télégraphe imprimant remonte à l'origine même de la télégraphie électrique, et c'est encore Wheatstone qui parait en avoir tenté et réalisé la première application. Après lui, plusieurs inventeurs ont poursuivi la solution du même problème avec plus ou moins de succès; mais le système le plus satisfaisant est celui du professeur américain Hughes, qui, avec un mécanisme à la vérité très compliqué et d'une manipulation difficile, offre l'avantage considérable d'une très grande rapidité, n'exigeant pour chaque lettre ou signal qu'une seule transmission du courant, au lieu de trois ou quatre qui sont nécessaires, par exemple, dans le système de Morse.

Le télégraphe imprimant fonctionne au moyen de deux mouvements d'horlogerie très puissants, établis, l'un à la station de départ, l'autre à la station d'arrivée, et mettant en jeu des rouages qui impriment à la fois aux deux stations, sur des bandes de papier déroulées automatiquement devant la *roue des types,* les lettres, chiffres et autres signes que l'expéditeur touche sur un clavier semblable à celui d'un piano. Les émissions et interruptions alternatives du courant électrique s'effectuent aussi automatiquement, par l'effet du même mécanisme, et la parfaite simultanéité d'action des deux appareils, manipulateur et récepteur, s'obtient au moyen d'un régulateur à pendule. Le nombre des mots qu'on peut imprimer ainsi est de trente à quarante par minute.

Le principe du télégraphe autographique, ou *pantélé-graphe*, est tout autre : il consiste dans la propriété que possède le courant voltaïque de décomposer certaines substances incolores pour donner naissance à de nouveaux composés qui sont colorés, et font apparaître, sur un papier convenablement préparé, des caractères ou des figures de forme quelconque nettement visibles; si bien que ce système, qu'on peut aussi appeler électro-chimique, permet de reproduire non seulement l'écriture, mais le dessin, et d'envoyer, par exemple, d'une station à l'autre, non plus le signalement, mais le portrait même d'une personne réputée dangereuse, et dont la présence doit être signalée aux autorités.

On connaît plusieurs systèmes de *pantélégraphe*. Celui qui est généralement en usage est dû au phy.icien italien Caselli. Nous allons essayer d'en donner une idée.

A la station de départ et à la station d'arrivée sont disposées deux plaques en cuivre horizontales, communiquant avec le sol par le pied sur lequel elles sont fixées. Sur la plaque de la station de départ D est étendue une feuille de papier métallisée, et rendue par conséquent bon conducteur de l'électricité, tandis que la plaque de la station d'arrivée A porte une feuille de papier imprégnée d'un sel qu'on appelle, selon les règles de la nomenclature chimique, *cyanure jaune de fer et de potassium*. Ce sel, sous l'influence du courant électrique, se décompose et donne naissance à du *bleu de Prusse*. L'expéditeur écrit lui-même sa dépêche ou trace son dessin sur la feuille métallisée D, avec une encre grasse qui jouit, par rapport à l'électricité, d'une propriété contraire à celle de ce papier, c'est-à-dire de la propriété isolante. Supposons maintenant qu'aux deux stations extrêmes, des mécanismes réglés de façon à fonctionner avec une parfaite simultanéité mettent en mouvement deux styles ou pointes de fer qui tracent, d'une part sur la feuille D, d'autre part sur la feuille A, des lignes parallèles extrêmement ténues et très rapprochées; supposons en outre que, par l'effet de ce double mécanisme, la communication de la plaque A avec le sol d'une part, et avec le circuit voltaïque d'autre part, soit interrompue précisément alors qu'elle est établie en D, et réciproquement; que se passera-t-il? Tant que le style

se promènera sur les parties nues de la feuille de papier
métallisée, il n'y aura point de transmission électrique à travers la feuille A, et le style qui la parcourt n'y produira rien.
Mais quand le style D rencontrera les traits à l'encre grasse
et isolante, le courant, interrompu de ce côté, s'établira
instantanément de l'autre côté, c'est-à-dire à travers la
feuille A ; le sel dont cette dernière est imprégnée sera
décomposé, et un petit trait bleu apparaîtra au point tou-
ché par le style. Un trait semblable se fera en A chaque
fois que le style D rencontrera l'encre grasse, et l'on aura
de la sorte sur la feuille cyanurée la reproduction exacte
de la figure ou de l'écriture tracée sur la feuille métallisée.
Seulement les lignes, au lieu d'être continues, sont formées
par une multitude de petites raies ou hachures parallèles.

Un employé de l'administration des télégraphes français,
M. Meyer, a imaginé un pantélégraphe dont le principe
est toujours le même que celui de Caselli, mais dont le
mécanisme est différent, et qui donne aussi d'excellents
résultats.

En outre des appareils pour l'expédition et la réception
des dépêches, toute station télégraphique possède un appareil avertisseur qui consiste en une sonnerie mise en jeu,
comme les autres appareils, par le courant électrique. Dans
les stations de quelque importance, on établit aussi des
parafoudres, destinés à préserver, autant que possible, les
employés et les appareils des atteintes dangereuses de l'électricité atmosphérique. Le parafoudre le plus simple est celui
de Bréguet ; il consiste en deux plaques métalliques dente-
lées, fixées sur le mur à une petite distance l'une de l'autre,
et de telle sorte que leurs pointes soient opposées les unes
aux autres. L'une de ces plaques, A, communique avec le fil
de transmission télégraphique ; l'autre, B, communique avec
le sol par un conducteur. L'électricité dynamique produite
par la pile n'a pas une tension assez forte pour passer d'une
plaque à l'autre, et suit sa voie sans être détournée par le
voisinage du conducteur. Il n'en est pas de même de l'électricité orageuse qui, venant à s'accumuler sur les fils de
transmission et arrivant en A, passe aussitôt en B par l'effet
du *pouvoir des pointes*, et s'écoule dans le sol.

Nous n'avons rien dit encore des fils qui relient entre elles les stations, et qui sont les agents essentiels des transmissions télégraphiques. Ces fils étaient originairement en cuivre. Ce métal avait été choisi à raison de son pouvoir conducteur, qui est supérieur à celui de tous les autres métaux ; mais on l'a depuis abandonné pour le fer recuit et galvanisé (revêtu d'une couche de zinc), qui est plus résistant et beaucoup moins cher. Les fils ont un diamètre qui peut varier de trois à six millimètres. Ils sont tendus sur des poteaux de sapin rendus imputrescibles par le sulfate de cuivre, mais ils en sont isolés par des cloches de suspension en porcelaine ou en verre. Dans les villes, ces cloches sont fixées sur des consoles de bois appliquées contre les murs des maisons ou des édifices, lorsqu'on ne préfère pas, — ce qui a généralement lieu maintenant, — mettre les fils à l'abri des accidents ou des actes de malveillance, en leur faisant suivre la voie souterraine. Dans ce cas, les fils sont revêtus d'une gaine de gutta-percha, enfermés en outre dans un tube en bois créosoté, en fer ou en plomb, et enfouis à une profondeur d'un mètre au plus sur un lit de terre tamisée ou de sable ; ou bien ils sont immergés dans une masse de bitume coulée au fond d'une rigole d'un peu plus d'un mètre de profondeur.

IV

La télégraphie électrique sous-marine. — Le télégraphe sous la Manche. — M. Wheatstone et M. Walker. — Compagnie anglo-française formée en 1850. — Pose du premier fil entre Douvres et le cap Gris-Nez. — Le fil coupé par un pêcheur. — Autre compagnie. — Pose du câble anglo-français en 1851. — Autres câbles sous-marins. — Projets d'une communication télégraphique entre les îles Britanniques et l'Amérique. — MM. Gisborne et Cyrus Field. — Première tentative et échec de 1857. — Succès éphémère de 1858. — Nouveaux préparatifs. — Le *Great-Eastern*. — Immersion du câble et sa rupture en juillet 1865. — Le troisième câble atlantique posé, et celui de 1865 repêché et complété en 1866. — Victoire définitive. — Les pronostics de Babinet. — Le câble trans-atlantique anglo-français, posé en 1869 entre Brest et Saint-Pierre-Miquelon. — Le réseau télégraphique universel.

La possibilité d'isoler les fils télégraphiques en les enveloppant de substances résinoïdes, et de prévenir à la fois, par cet artifice, l'oxydation du métal et la déperdition du fluide, suggéra de bonne heure à quelques-uns de ces esprits qu'aucun obstacle n'effraye ou ne rebute cette idée, assurément fort simple, mais aussi singulièrement hardie, que, puisque le télégraphe électrique cheminait sous la terre, il pourrait tout aussi bien passer dans l'eau, et franchir non seulement des fleuves, mais des bras de mer. Dès 1839, un Anglais ou un Irlandais, M. O'Sanghuessy, faisait passer un fil télégraphique à travers le fleuve Hougly, dans l'Inde. En 1840, M. Wheatstone osait, le premier, proposer de relier Douvres à Calais par un télégraphe électrique sous-marin. Mais, à cette époque, la télégraphie électrique n'était encore qu'à ses débuts en Angleterre ; en France elle n'existait pas encore : elle existait même si peu, que des savants, des physiciens français, ainsi qu'on l'a vu plus haut, lorsqu'on leur parlait de cette chose nouvelle, haussaient les épaules et répondaient : « Chimère! utopie! » Le projet de l'illustre électricien anglais était donc prématuré : il fallait au moins un certain temps pour que les incrédules et les timorés en vinssent à le prendre à peu près au sérieux.

On ne s'était pas encore, à cette époque, accoutumé, comme on l'a fait depuis, à ne douter de rien. Bon nombre d'honnêtes gens n'avaient qu'à demi confiance dans l'avenir de la télégraphie électrique terrestre ; et ceux qui, par hasard, lurent dans quelque journal qu'un Anglais songeait à établir, entre son île et le continent, un système de communication qui permettrait à deux personnes d'échanger une demande et une réponse beaucoup plus vite qu'on ne faisait dans Paris même, par la petite poste, ceux-là durent, selon leur caractère et selon leur antipathie ou leur sympathie à l'égard des Anglais, froisser leur journal avec mauvaise humeur en se demandant si on se moquait d'eux, ou sourire en disant simplement : « Ce serait bien commode, si ce n'était impossible. »

Cependant l'idée fit peu à peu son chemin, comme tant d'autres. M. Walker, directeur des télégraphes de la compagnie du Sud-Est, en Angleterre, exécuta, dans les premiers jours de janvier 1849, une expérience qui put dès lors être considérée comme décisive. Embarqué à Folkestone, à bord du paquebot *la Princesse-Clémentine,* il put, à l'aide d'un fil de cuivre revêtu de gutta-percha et plongé dans la mer, correspondre instantanément avec l'administration de Londres. Cet heureux essai encouragea les spectateurs et stimula le zèle des ingénieurs. En 1850, M. Jacob Brett se mit à la tête d'une compagnie anglo-française, qui obtint des deux gouvernements le monopole, pour dix années, à partir du 30 septembre, des communications électriques entre la France et l'Angleterre.

On choisit pour points extrêmes de la ligne transmarine Douvres en Angletere, le cap Gris-Nez, près de Calais, en France ; un fil fut fabriqué et recouvert d'une couche de gutta-percha de six millimètres d'épaisseur ; il avait quarante-cinq kilomètres de long. Les opérations commencèrent le mardi 28 août 1850, et le 30 on lisait dans le journal anglais le *Morning-Post* :

« (Mercredi soir.) — L'intéressante opération du jet à la mer du conducteur a commencé ce matin à dix heures et demie. Le steamer *le Goliath*, parti du quai du Gouvernement, a dévidé son fil métallique, épais d'un dixième de pouce, et renfermé dans une gaine de gutta-percha. La partie (d'environ trois cents mètres) qui ne plonge pas dans la mer est renfermée dans un tube de plomb, pour la protéger contre les frottements. Le steamer a continué son opération sur le pied de trois à quatre milles à l'heure, en se dirigeant en ligne droite vers le cap Gris-Nez.

« A environ huit heures du soir, la communication était établie, ainsi que le prouve la dépêche télégraphique suivante reçue à Douvres :

« Cap Gris-Nez, côte de France, huit heures et demie
« du soir.

« Le *Goliath* est arrivé sain et sauf, et le fil conducteur
« sous-marin, dont l'extrémité est à Douvres, aboutit à la
« falaise. Pour la première fois, la France et l'Angleterre
« peuvent échanger des compliments au travers et au moyen
« des profondeurs du détroit. »

Le *Standard* du même jour ajoutait les lignes suivantes :

« La plus grande difficulté que les ingénieurs s'attendaient à rencontrer dans le trajet du fil conducteur était un point situé au milieu du détroit. C'est une profonde vallée sous-marine, bordée dans sa longueur par deux crêtes que les Français appellent le Colbart et la Varne. Ces montagnes s'étendent l'une à une distance de dix-sept, et l'autre de douze milles. L'immense gouffre qu'elles circonscrivent est surtout redouté des marins, à cause des sables mouvants où l'on est exposé à perdre ses ancres, ses filets, etc. Cependant on a heureusement, à ce qu'il paraît, surmonté cet obstacle, et le fil a été, pense-t-on, déposé à une profondeur qui le met à l'abri des ancres des navires, des engins de pêche et des monstres marins. »

L'auteur de cet article se trompait, et l'événement ne tarda pas à prouver que le fil télégraphique n'avait pas été mis à l'abri des engins de pêche. Un beau jour, en effet, les communications furent subitement interrompues. Le même jour, un pêcheur boulonnais rentra triomphant au port, montrant à qui le voulait voir un assez long bout d'une algue jusqu'alors inconnue, qu'il avait relevée dans son filet et coupée avec soin, et qui avait un *centre d'or!* Le prétendu centre d'or n'était, on le devine, autre chose que le fil de cuivre du câble télégraphique.

La compagnie Jacob Brett se mit en liquidation; mais une autre se forma presque aussitôt en Angleterre sous le nom de *Submarine telegraph company,* au capital de deux millions cinq cent mille francs. Un nouvel appareil conducteur fut construit. Il était formé de quatre fils de cuivre, enfermés chacun dans une gaine en gutta-percha, et tressés avec quatre cordes de chanvre, le tout soudé et enduit avec un mélange de suif et de goudron, puis enroulé dans une autre corde de chanvre fortement serrée par des fils de fer galvanisés. Ce fil, ou plutôt ce câble conducteur présentait toutes les conditions désirables de souplesse et de solidité. Il pesait cent quatre-vingt mille kilogrammes, et coûtait plus de trois cent mille francs.

L'opération de la pose de ce câble entre Douvres et Sangatte commença le 25 septembre 1851, à bord du *Blaser,* sous la direction de MM. Wollaston et Crampton, ingénieurs de la compagnie. Mais le fil se trouva trop court; il fallut abandonner le soir, amarrée à une bouée, sur une mer houleuse, à un kilomètre de la côte, l'extrémité destinée à la station française, et fabriquer à la hâte un nouveau tronçon provisoire pour parfaire la longueur voulue. Ce travail supplémentaire dura deux jours, après lesquels on retrouva heureusement intact sur sa bouée le bout du grand câble, qu'on put ainsi mettre en communication avec la côte. Enfin, le 13 novembre 1851, tout étant réparé et convenablement installé, eut lieu l'inauguration de la nouvelle ligne sous-marine qui, par Douvres et Calais, reliait entre elles les capitales des deux États les plus florissants de l'Europe. Ce beau résultat ayant encore paru insuffisant, on supprima les stations intermédiaires, et, le 2 novembre 1852, Paris et Londres furent mis en rapport direct par une ligne électrique non interrompue.

Cinq mois auparavant une communication semblable
avait été établie entre l'Irlande et la Grande-Bretagne par
le canal Saint-Georges, entre Holyhead et Howth[1]. En si
beau chemin l'on ne pouvait s'arrêter. A partir de 1852,
des câbles sous-marins ont successivement relié la Grande-
Bretagne à l'Irlande, à la Belgique, au Danemark; la
France à l'Algérie; le Danemark à la presqu'île Scandi-
nave; le Piémont à la Corse et à la Sardaigne, puis à Malte
et à Corfou; l'Italie méridionale à la Sicile; l'île de Ceylan
à l'Inde anglaise; l'île de Candie à l'Égypte, à Smyrne,
à Chio et aux Dardanelles, etc. En 1862, un câble jeté
dans la mer Rouge et dans l'océan Indien, entre Alexandrie et la presqu'île hindoue, achevait de mettre l'Angleterre
en communication directe avec sa grande colonie asiatique.
Parlerai-je de la télégraphie *subfluviale,* qui n'était plus
qu'un jeu désormais, et qui se développa rapidement en
Europe, plus rapidement encore en Amérique?... Ce serait
pour ne pas finir, et il me tarde de clore cette notice par
le récit sommaire de l'épisode le plus considérable de l'histoire qui nous occupe : je veux parler de la télégraphie
transatlantique.

Le projet de rattacher l'Europe au nouveau monde par un
câble sous-océanique prit naissance dans quelques esprits
aussitôt après l'installation du télégraphe entre Douvres et
la côte française. En 1852, un ingénieur anglais, M. Gisborne, se trouvait aux États-Unis, où il était allé pour
établir une communication semblable entre le Nouveau-
Brunswick et l'île de Terre-Neuve. En passant par l'île du
Prince-Édouard, il rencontra dans un hôtel un riche capi-
taliste, M. Cyrus Field, auquel il communiqua le plan de
son entreprise. Ce fut, dit-on, M. Field qui hasarda alors
cette vue audacieuse que, puisqu'on avait bien réussi à
immerger un fil télégraphique dans la Manche, et puisqu'on
s'apprêtait à en faire autant dans le golfe Saint-Laurent,
on pourrait peut-être bien aussi confier au lit de l'Atlantique un câble de même structure, qui s'attacherait d'un
côté, par exemple, à quelque point convenablement choisi

[1] Le 1er juin 1852.

sur la côte d'Angleterre ou d'Irlande, et de l'autre côté à cette station de Terre-Neuve, que M. Gisborne allait mettre en communication avec le continent. De quoi s'agissait-il, après tout? de construire un câble assez long; de le charger sur un ou sur plusieurs navires assez grands et assez solides; de trouver, pour le dévidage, des engins mécaniques assez puissants... Ce n'étaient là que des questions de plus ou de moins, devant lesquelles la science et l'industrie modernes ne sauraient reculer. Il y avait bien encore, à la vérité, une autre question plus grave : celle de la constitution du lit de l'Atlantique. Ce lit était-il de nature à recevoir, à conserver le dépôt du précieux conducteur? Voilà ce qu'il fallait savoir. Heureusement on avait, pour ainsi dire, sous la main l'homme du monde qui pouvait le mieux éclaircir ce point essentiel. C'était le célèbre commandant Maury, alors encore simple lieutenant, mais déjà directeur de l'observatoire national des États-Unis, et auteur de travaux remarquables sur la géographie physique de la mer. M. Cyrus Field lui écrivit, et obtint de lui une réponse des plus encourageantes, par laquelle il apprit en outre que Maury s'occupait précisément du même sujet, dans une correspondance avec le secrétaire de la marine fédérale. M. Morse, le créateur de la télégraphie électrique aux États-Unis, consulté d'autre part, ne se montra pas moins favorable à l'idée conçue par MM. Cyrus Field et Gisborne. Il en fut de même du physicien Whitehouse. Par contre, d'autres savants, parmi lesquels on ne s'étonnera pas de rencontrer un savant français, n'hésitaient pas à déclarer l'entreprise insensée.

Mais les Américains et les Anglais ne sont pas gens à se décourager aisément. Les études préliminaires se poursuivaient activement, et en 1856 de nouveaux sondages, exécutés sur le trajet de la future ligne sous-marine par les soins des gouvernements américain et britannique, vinrent confirmer pleinement les présomptions énoncées par le lieutenant Maury. Sur la docilité et la promptitude que mettrait le fluide électrique à franchir les trois mille et quelques kilomètres qui séparent l'Irlande de l'île de Terre-Neuve, l'expérience ne laissait déjà plus guère place au doute, car on voyait dès lors fonctionner aux États-Unis, avec une parfaite régularité, des lignes non interrompues de deux mille à trois mille kilomètres. Quant à la possibilité d'immerger régulièrement le câble sur un aussi long trajet, elle parut suffisamment démontrée par des essais exécutés au mois d'octobre 1856 ; si bien que, dès le mois suivant, une compagnie se formait au capital de huit millions sept cent cinquante mille francs, et sous le patronage direct des deux gouvernements, qui s'engagèrent à fournir les navires pour l'immersion du câble. Le trajet définitivement adopté avait pour points extrêmes Valentia, sur la côte ouest de l'Irlande, et Saint-Jean de Terre-Neuve. La construction du câble fut commencée l'année suivante, et dans les premiers jours d'août 1857 il était enroulé en deux moitiés à bord des deux grands steamers le *Niagara*, de la marine américaine, et l'*Agamemnon*, de la marine britannique. Ce câble, dont nous avons eu un tronçon entre les mains, était gros à peu près comme le pouce. Au centre se trouvait le fil conducteur, en cuivre rouge, enfermé dans une gaine de gutta-percha. Celle-ci était recouverte de filasse goudronnée, puis d'une torsade de fils de fer galvanisés et goudronnés.

L'*Agamemnon* et le *Niagara* partirent le 10 août de Plymouth, accompagnés de trois autres navires : la *Susquehanna*, frégate américaine ; le *Cyclope* et le *Léopard*, de la marine britannique, qui devaient leur venir en aide dans les opérations à exécuter. Cette flottille devait naviguer de conserve jusqu'à mi-route. Là, après avoir soudé ensemble les deux moitiés du câble, l'*Agamemnon*, escorté du *Léopard* et du *Cyclope*, et le *Niagara*, accompagné du *Susquehanna*, devaient se tourner le dos, en dévidant chacun la portion dont ils étaient chargés, pour se rendre, l'un à Valencia, en Irlande, l'autre à Terre-Neuve. A peine au sortir du port, les cinq navires furent disperses par une tempête contre laquelle ils eurent à lutter pendant neuf jours. Ils purent néanmoins se rejoindre le 26 au point convenu. Les deux bouts furent soudés, et les navires se séparèrent, déroulant le câble avec toutes les précautions possibles. Mais à peine le *Niagara* avait-il fait une lieue, que le câble se rompit. Les deux bâtiments se rejoignirent, ressoudèrent le fil et recommencèrent le dévidage. Ils avaient fait une quinzaine de lieues chacun, lorsque le fil se rompit pour la seconde fois. Ils revinrent encore l'un vers l'autre; une nouvelle soudure fut pratiquée, et l'opération fut reprise. Cette fois ils parvinrent à dérouler cinquante-six lieues de càble de part et d'autre, et tout semblait marcher à souhait, quand une troisième rupture eut lieu.

Or il avait été convenu que, dans le cas d'un troisième accident, les navires ne reviendraient au point de jonction, pour ressouder le câble, que si chacun d'eux n'était pas éloigné de ce point de plus de quarante lieues. La flotille regagna donc Queenstown, renonçant, pour cette fois, à pousser plus loin la tentative. On avait perdu cent quatre-vingt-dix lieues de câble. Il en restait néanmoins encore assez à la compagnie pour tenter un second essai, et, le 28 juillet de l'année suivante, l'*Agamemnon* et le *Niagara*, accompagnés de deux navires auxiliaires, le *Valourous* et la *Gorgon*, se trouvaient de nouveau réunis au milieu de l'Océan. Le lendemain 29, la soudure était faite, et les navires se séparaient deux à deux pour regagner, en déroulant le câble, leurs stations respectives, qu'ils atteignirent sans accident grave : l'*Agamemnon* et le *Valourous*, Valentia, le mercredi 4 août; le *Niagara* et la *Gorgon*, Terre-Neuve, le mercredi suivant. Quelques jours après, la communication télégraphique était établie entre Londres et Washington, et la reine d'Angleterre et le président des États-Unis l'inauguraient en échangeant deux dépêches par lesquelles ils se félicitaient réciproquement du succès de cette grande entreprise.

L'allégresse, aux États-Unis surtout, fut immense, mais, hélas! de courte durée. Dès les premiers jours, les signaux avaient présenté une irrégularité et une confusion qui ne firent que s'aggraver rapidement, jusqu'à ce que le télégraphe, qui avait balbutié comme un homme envahi par la paralysie, devint complètement muet. On voulut d'abord croire à un accident qui se pourrait réparer; mais il fallut bientôt renoncer à cette illusion, et reconnaître que le câble était irrémédiablement hors de service; que le fluide élec-

triquełse perdait dans l'Océan, et qu'on n'avait dépensé tant
d'efforts et tant d'argent que pour exécuter une expérience de
physique. Encore eut-on grand'peine à tirer de cette expérience l'enseignement qu'elle renfermait, et les savants dis-
cutèrent longtemps sur la cause du phénomène, avant de
convenir que la pression de la masse d'eau sous laquelle le
câble était submergé avait triomphé en quelques jours de
l'imperméabilité des substances protectrices du fil métallique,

Le *Great-Eastern*.

et que l'armature de fil de fer dont on avait revêtu le câble
devenait le siège d'un courant électro-magnétique (courant
d'induction) qui avait, dès le principe, beaucoup contribué
à jeter de la confusion dans les signaux. Afin de se rendre
mieux compte des causes de l'accident et des moyens les plus
propres à en prévenir le retour dans la nouvelle tentative
qu'elle comptait bien faire le plus tôt possible, la compagnie
fit repêcher ce qu'elle put du câble détérioré. On n'en
retrouva qu'une longueur de huit kilomètres, sur la côte de
Terre-Neuve; mais cela suffit pour s'assurer : 1º que la gutta-
percha était restée intacte ; 2º que la propriété conductrice
du fil d~ cuivre s'était non seulement conservée, mais amé-
liorée par un séjour de trois années dans la mer; 3º que,
par contre, l'armature en fil de fer était complètement rongée.

4

De son côté, le gouvernement britannique institua une commission scientifique qui se livra à une longue et minutieuse enquête et à des expériences répétées. Finalement on s'arrêta, pour la construction du câble et pour le choix et l'emploi des appareils électro-moteurs, à des dispositions nouvelles qui furent indiquées par un éminent électricien anglais, M. Whitehouse, et dans le détail desquelles nous ne saurions entrer ici. Qu'il nous suffise de dire que, vers le milieu de l'année 1865, tout était prêt pour l'accomplissement d'une troisième immersion du câble transatlantique. Cette fois, au lieu de l'arrimer en deux parts, sur deux navires, on avait pu l'enrouler tout entier à bord d'un seul vaisseau ; mais quel vaisseau ! un vaisseau tel qu'on n'en avait jamais vu ! On avait d'abord donné à ce navire géant le nom symbolique de *Leviathan*, qu'on a ensuite abandonné pour celui de *Great-Eastern* (Grand-Oriental). Voici, en quelques lignes, la biographie de ce monstre marin.

Être exceptionnel, il naquit, vers 1857, dans des circonstances exceptionnelles. Après les riches mines d'or de la Californie, on venait d'en découvrir de plus riches encore en Australie, et des légions de *chercheurs d'or* s'élançaient vers cette nouvelle terre promise de la richesse. La marine britannique ne suffisait plus au transport des émigrants ; car tout le monde voulait partir à la fois, ou plutôt chacun voulait partir et arriver avant les autres, pour être le premier sur les *placers* et y remplir de pépites d'or ses poches, ses bottes, son chapeau, les doublures de ses vêtements, que sais-je encore ?

Il se forma alors, sous le nom de *Eastern Steam-Navigation Company,* une association de capitalistes qui se proposait d'emmener en Australie les émigrants, par fournées de plusieurs milliers, avec toutes les marchandises nécessaires à leurs besoins, et de ramener, de l'Australie et des points d'escale intermédiaires, des gens plus ou moins enrichis, de l'or et quantité d'autres choses. A cet effet, la compagnie voulait construire un navire de dimensions exceptionnelles, *inusitatæ magnitudinis,* comme nous disions au collège ; et ce qu'elle voulait, elle le fit. L'ingénieur Brunel, le fils de celui qui avait creusé le tunnel sous la Tamise, fut chargé d'en dessiner les plans et d'en diriger la construction dans les chantiers de M. Scott-Russell, à Milwal, près de Londres.

Le *Great-Eastern* coûta fort cher à ses parents et leur causa bien des ennuis ; ce qui n'a rien de surprenant. Combien d'enfants beaucoup plus petits et de moindre importance sont dans le même cas ! Sa construction cependant s'exécuta avec une rapidité extraordinaire et dans les meilleures conditions. Il grandissait et embellissait à vue d'œil. En moins de deux ans, ce fut un géant complet, — et un géant de fer ! Il était long de deux cent onze mètres, sur vingt-cinq mètres de largeur et dix-huit de profondeur ! Jamais l'Océan n'avait porté de navire qui pût lui être comparé ! Mais lorsqu'on voulut faire marcher, — nous voulons dire nager, — ce colosse, ce fut la mer à boire : impossible de décider ce grand fainéant à quitter son berceau. Ni la douceur ni les menaces n'y pouvaient rien, monsieur voulait dormir. Enfin pourtant, le 30 janvier 1857, il se décida à se laisser glisser dans la Tamise. Il ne nageait pas encore, mais il flottait ; c'était déjà beaucoup. On l'habilla, on le gréa ; on lui mit sept mâts et de belles voiles ; on graissa et l'on chauffa ses huit machines, dont la force totale et nominale est de trois mille deux cents chevaux-vapeurs, qui font tourner deux roues de dix-sept mètres de diamètre, et une hélice de sept mètres trente centimètres, dont l'arbre a dix-huit mètres de long et pèse soixante mille kilogrammes.

On fit faire d'abord au nouveau-né, à titre d'essai, quelques petits voyages de Londres à New-York ; mais il se montrait peu docile à la manœuvre, et d'une paresse désespérante. Pour comble de malheur, dans une de ses promenades, il essuya une tempête, et revint au port en se traînant, fort endommagé. Cependant la fièvre de l'or s'était calmée ; l'émigration vers l'Australie s'était considérablement ralentie ; le *Great-Estern* n'avait plus de raison d'être. Qu'en faire ? Il fut, dit-on, question de le mettre en loterie ! Se représente-t-on un bon bourgeois de Londres, de Paris ou de Tours, ayant pour ses cinq ou dix louis gagné le *Great-Estern !* On se disait donc avec désespoir que cet énorme bateau n'était bon à rien. On se trompait. Le *Great-Eastern* était bon à immerger des câbles télégraphiques, et il l'a prouvé ; mais il se pourrait qu'il ne fût réellement bon qu'à cela. Quoi qu'il en soit, la compagnie du câble transatlantique eut, en l'adoptant, la plus heureuse des inspirations.

Le nouveau câble atlantique était formé, d'abord d'un toron de sept fils de cuivre réunis, de trois millimètres de diamètre ; c'était le conducteur, l'âme du câble. Cette âme, revêtue de quatre couches alternées de gutta-percha et de *mastic de Chatterton,* était ensuite enfermée dans une ganse de filin goudronné, fait avec du *jute* ou *chanvre de Manille.* Le tout était enveloppé d'une armature de fils de fer également enfermés dans des gaines de jute, et enroulés en spirale autour du noyau central. Le diamètre du câble ainsi composé était de vingt-sept millimètres ; il pesait, par kilomètre, neuf cent quatre-vingt-deux kilogrammes dans l'air ; mais ce poids se réduisit, dans l'eau, à trois cent quatre-vingt-dix kilogrammes. Sa longueur totale était de quatre mille sept cent soixante kilomètres. Il pesait donc, en tout, plus de huit millions de kilogrammes. On avait en outre fabriqué, pour les atterrissements, un câble côtier plus gros, long de cinquante kilomètres et pesant dix mille sept cents kilogrammes. Enfin on s'était muni, en prévision des accidents, d'un cordage en fer, long de neuf mille deux cent soixante mètres, portant des divisions par cent brasses, et destiné à soutenir le câble électrique, et à y fixer une bouée si l'on était obligé de le couper et de le laisser aller au fond de la mer.

Le grand câble fut enroulé, à bord du *Great-Eastern,* dans trois immenses cuves de quinze à dix-huit mètres de diamètre. Le dévidage devait se faire au moyen d'un appareil composé d'une série de roues à gorge, ou grandes poulies, disposées sur le pont du navire. Le câble côtier fut arrimé à bord du vapeur *la Caroline.* Le *Great-Eastern* appareilla le 15 juillet 1865, sous le commandement de M. Andersen, capitaine de la marine marchande britannique. Le personnel du bord : officiers, matelots, ingénieurs, ouvriers, etc., s'élevait à cinq cents personnes. Le *Great-Eastern* emportait, pour alimenter ses machines, huit mille huit cents tonnes

de charbon. Quant aux provisions de bouche, elles consis-
taient en cent quatorze moutons, dix-neuf bœufs, vingt
porcs, vingt-neuf oies, quatorze dindes, cinq cents poulets :
— tout cela vivant ; — à peu près autant de bêtes tuées, et
conservées dans la vaste glacière du bâtiment ; plus du bœuf

Câble transatlantique.

Coupe du câble.

salé, de la farine, des légumes, et des boissons à l'avenant.
On voit que, si les cinq cents voyageurs pouvaient, à la
rigueur, périr dans un naufrage, ils étaient du moins assurés
de ne mourir ni de faim ni de soif. Le 17, le *Great-Eastern*
rencontra la *Caroline,* et quatre jours après tous deux
arrivaient en vue de l'Irlande, où les attendaient deux
steamers, le *Sphinx* et le *Terrible,* qui devaient escorter le
Great-Eastern jusqu'à Terre-Neuve. On procéda aussitôt à
l'immersion du câble côtier, qui fut, d'une part, conduit par
voie souterraine jusqu'au poste télégraphique de Valentia ;
d'autre part, raccordé, à bord du *Great-Eastern,* avec le

grand câble atlantique; et le 23 juillet, le vaisseau géant, escorté du *Terrible* et du *Sphinx*, s'éloignait majestueusement de la côte en dévidant son câble. Hélas! dès le lendemain commençait une série d'accidents qui, réparés à grand'peine, devaient aboutir finalement à un échec et forcer les ingénieurs à abandonner l'entreprise, en laissant le câble rompu s'engloutir au fond de la mer. On en avait filé deux mille deux cent quarante-quatre kilomètres. Il fallut se contenter de jeter une bouée à l'endroit où il avait disparu, et reprendre la route de l'Angleterre, où, n'ayant depuis près de trois semaines aucune nouvelle de la flottille, on la croyait perdue.

Un célèbre ingénieur français, M. Perdonnet, a raconté qu'après l'échec de 1858 il demanda un jour à son confrère anglais M. Crampton, un des chefs de l'entreprise, ce que lui et ses collègues feraient si la nouvelle tentative, alors en préparation, avait le sort des deux premières.

« Nous recommencerons, répondit sans hésiter M. Crampton.

— Et si vous échouez encore?

— Nous recommencerons jusqu'à ce que nous réussissions. »

On recommença, en effet, sans perdre un seul jour, et l'on se disposa non seulement à immerger un quatrième câble entre Valentia et Trinity-Bay, mais à repêcher et à compléter le câble rompu en août 1865, afin d'établir une double communication. C'était bien se conformer au proverbe : « Il faut avoir deux cordes à son arc. » La bonne volonté ne manquait pas; la confiance dans le succès final était entière. Les capitaux ne se firent pas prier pour s'engager dans l'entreprise, et, avant même qu'aucune somme eût été souscrite, le constructeur du câble de 1865, M. Glass, se mit à l'œuvre pour en confectionner un plus parfait encore, plus flexible et plus léger. Il restait d'ailleurs à M. Glass deux mille kilomètres du câble qu'il avait fabriqué l'année précédente. C'est avec ce reliquat que l'on comptait raccommoder et compléter la portion submergée. On l'embarqua à bord des deux steamers *Albany* et *Terrible*. Un autre steamer, le *William-Cory*, se chargea du câble côtier d'Irlande, et un troisième, *le Medway*, du câble côtier de Terre-Neuve. Le *Great-Eastern* restait seul, comme on le pense bien, en possession du câble atlantique neuf. On perfectionna les appareils de dévidage, et l'on se munit surtout d'engins puissants et construits avec le plus grand soin, pour repêcher le câble abandonné.

Le 13 juillet 1866, tout était prêt et le câble côtier d'Irlande immergé et fixé à la station de Valentia ; le raccord de ce câble avec le câble atlantique étant fait, le *Great-Eastern* partit, accompagné de son escorte, et le dévidage commença. Afin de s'assurer du bon état du conducteur, le *Great-Eastern*, tout en s'éloignant de Valentia, ne cessa pas un seul jour d'être, pour ainsi dire, en conversation suivie avec le poste de départ, recevant à bord non seulement les signaux de service convenus, qu'il renvoyait exactement, mais les nouvelles politiques, militaires [1], commerciales et financières de la terre ferme. Ces nouvelles fournissaient les matériaux d'un journal quotidien lithographié, qui paraissait tous les soirs à bord. La traversée s'effectua ainsi sans autre accident sérieux, et le 27 juillet la flotte arrivait triomphante dans Trinity-Bay. Là le second câble côtier fut à son tour immergé par le *Medway;* on le souda au câble atlantique, on le fixa à la station de Heart's Content, et le soir même de ce jour mémorable la communication télégraphique était établie définitivement entre l'ancien et le nouveau monde.

Il restait à relever et à compléter le câble de l'année précédente. Le *Terrible* et l'*Albany* devaient, on se le rappelle, concourir, avec le *Great-Eastern*, à cette œuvre importante et difficile. Le câble fut repêché, non sans peine; mais enfin il fut repêché, et on le trouva dans un état de conservation qui ne laissait rien à désirer. A peine son extrémité rompue fut-elle rattachée à l'appareil télégraphique du bord, qu'il se mit à transmettre des dépêches comme le fil électrique le mieux portant du continent. On le souda à la partie neuve, qu'on dévida en retournant vers Terre-Neuve, et le 9 septembre tout était achevé.

---

[1] C'était l'époque de la guerre entre la Prusse et l'Autriche.

En Angleterre et aux États-Unis, le rétablissement à travers l'Océan des communications télégraphiques qui n'avaient été obtenues, quelques années auparavant, que pour cesser presque aussitôt, fut salué avec enthousiasme, et l'on peut dire que le monde civilisé tout entier accueillit cet événement comme un triomphe et comme un bienfait pour l'humanité. Ce n'était pas toutefois qu'à la satisfaction universelle ne se mêlassent çà et là quelques inquiétudes pour l'avenir. Les résultats acquis au prix de tant de patience, d'efforts et de sacrifices, seraient-ils durables? La voix publique se plaisait à répondre oui, sans savoir pourquoi; les ingénieurs anglais et américains répondirent oui aussi, parce qu'ils avaient foi en leur génie; mais quelques sceptiques secouaient la tête et disaient : « Il faudra voir! »

Même il y avait alors en France un savant fort célèbre, mais que son goût pour le paradoxe avait discrédité auprès de ses confrères, autant que l'originalité et la verve de son esprit l'avaient popularisé parmi les gens du monde, et qui ne se faisait faute de jouer, à l'égard du télégraphe atlantique, le rôle de la Cassandre antique. Babinet, — c'est de lui que nous parlons, — ne manquait aucune occasion de prophétiser la fin prochaine du câble, et d'un jour à l'autre il fallait, si on l'en croyait, s'attendre à voir les communications cesser sans retour. « Il faut, disait-il un jour à l'Académie des sciences, se hâter d'utiliser ce câble atlantique pour déterminer la différence des longitudes de Paris et de New-York, car le câble n'a pas longtemps à vivre. » Babinet disait cela en 1866. Il est mort en 1873, et le câble transatlantique vit toujours. — Ce n'est pas le *câble*. c'est les *câbles* que nous devrions dire; car celui de Valentia à Trinity-Bay est double, comme on vient de le voir, et de plus un autre câble transatlantique a été posé, en 1869, entre Brest et l'île française de Saint-Pierre, située près de Terre-Neuve. Celui-ci est donc un câble français, ou, si l'on veut, anglo-français, car les capitalistes et les ingénieurs des deux pays se sont réunis pour l'accomplissement de cette œuvre éminemment internationale. Nous devons même dire que l'honneur des perfectionnements apportés aux appareils revient surtout aux deux savants ingénieurs anglais MM. William Thompson et Varley. C'est encore le *Great-Eastern*, mais cette fois sous le commandement d'un officier de la marine française, le capitaine de vaisseau Harpin, qui a été chargé de l'immersion du câble océanique; la marine britannique avait fourni en outre, pour l'immersion des câbles côtiers et pour le transport des bouées, les navires *Sundsea*, *William-Cory*, *Chiltern* et *Hawk*.

L'opération s'exécuta avec un plein succès, du 21 juin au 14 juillet. Quelques accidents survenus pendant le dévidage avaient été aisément et promptement réparés, et le 15 juillet le *Great-Eastern*, ayant achevé sa tâche, levait l'ancre pour revenir en Europe, tandis que le reste de la flottille complétait le travail pour la pose du câble reliant la station de Saint-Pierre à celle de Duxbury, sur le continent américain.

Le poste de départ sur la côte de Bretagne est à Ushat, à quelques kilomètres de Brest. De ce point à l'île Saint-Pierre, la longueur du câble immergé est de trois mille cinq cent soixante-quatre milles marins, presque un tiers de plus que celle du câble anglo-américain entre Valentia et Trinity-Bay.

Nous terminerons cette notice en reproduisant, d'après le beau livre de M. Amédée Guillemin, *les Applications de la physique* [1], d'intéressantes indications relatives au « réseau télégraphique universel », que M. Guillemin a lui-même empruntés à un ouvrage spécial de M. W. Huber, et qui se rapporte à l'année 1873.

A cette époque, le développement total des fils télégraphiques sur le globe terrestre n'atteignait pas moins de deux millions de kilomètres, soit cinquante fois la longueur de la circonférence de la terre. Dans ce total, la télégraphie sous-marine comptait pour quatre-vingt mille kilomètres, répartis entre deux cent trente et un câbles, de longueurs d'ailleurs fort inégales.

En Europe, les lignes aériennes mesuraient deux cent

---

[1] Un volume grand in-8°, avec gravures dans le texte, planches imprimées en couleur et cartes. Paris, 1874.

soixante-dix mille kilomètres, et la longueur totale des fils
qui les composaient était de sept cent mille kilomètres. La
France possédait quarante-quatre mille kilomètres de lignes
et cent vingt-trois mille kilomètres de fils ; en 1851, ce chiffre
ne s'élevait qu'à deux mille kilomètres.

« Le nombre des dépêches, dit M. A. Guillemin, s'est
accru dans une proportion énorme. Pour donner une idée
de l'activité de la correspondance dans les pays industriels,
citons l'Angleterre, qui dans le cours de l'année 1870 a vu
passer dans son réseau environ dix millions deux cent mille
dépêches : deux cent trois mille six cents dépêches par
semaine. M. W. Huber nous apprend que le 18 juillet 1870,
jour où la déclaration de guerre entre la France et la Prusse
fut connue à Londres, vingt mille cinq cent quatre-vingt-
douze dépêches ont passé par la seule station centrale. Le
réseau télégraphique indien a expédié, en 1871, trente-trois
mille dépêches ; malgré le prix élevé de la correspondance
par les câbles transatlantiques, deux cent quarante mille
dépêches ont franchi, en une seule année, l'Océan...

« L'Europe est en communication directe avec le continent
américain du nord par trois câbles, dont deux partent de
Valentia (Irlande), et l'autre de Brest, pour aboutir à Trinity-
Bay, dans l'île de Terre-Neuve, et à Saint-Pierre-Miquelon,
puis gagner de là le territoire des États-Unis. Un quatrième
câble doit être incessamment posé entre Land's-End, pointe
occidentale des Cornouailles, Halifax et New-York. L'Amérique du Sud sera aussi prochainement reliée à l'Europe
par une ligne sous-marine qui passera par Madère, les îles
du Cap-Vert, et aboutira à l'extrémité la plus orientale de
l'Amérique, au cap Saint-Roque (Brésil).

« Dès maintenant les Indes sont en communication télégraphique avec l'Europe par deux lignes : l'une suit la mer
Rouge, puis, par la Méditerranée, se ramifie en diverses
branches, qui vont en Sicile et en Italie, en France, et enfin
en Angleterre, en côtoyant le Portugal, d'où elles gagnent
la pointe sud-ouest de la Grande-Bretagne, par l'Atlantique ;
l'autre ligne se ramifie également, à partir du golfe Per-
sique, en plusieurs lignes aériennes qui gagnent la Russie,
l'Allemagne, la Syrie. Enfin l'Australie elle-même com-

munique avec le réseau indien, de sorte qu'une dépêche partie de Sydney arrive directement à New-York ou à Boston, et de là, par le télégraphe qui traverse le continent américain, à San-Francisco, sur les bords de l'océan Pacifique, 270° de longitude, et, en distance effective, plus de trente mille kilomètres sont franchis par les signaux électriques en moins d'une heure. Le fait suivant, rapporté par M. W. Huber, suffira pour donner une idée de la rapidité de la correspondance électrique :

« Le 12 novembre dernier, dit-il, un banquet réunissait
« au même moment à Londres et à Adélaïde les intéressés
« à cette grande ligne de trente-cinq mille huit cent cin-
« quante-deux kilomètres (la ligne transaustralienne). A
« Londres, un appareil télégraphique avait été installé der-
« rière le fauteuil du président. A l'ouverture du banquet,
« une dépêche de félicitations part pour l'Australie. A la
« fin du banquet, la réponse, saluée par *hurrah!* arrivait
« d'Australie. »

« ...Une lacune existe encore, ajoute M. Guillemin, pour que la circonférence entière du globe soit enlacée par le réseau. L'Amérique et l'Asie ne communiquent pas encore directement ensemble ; mais quatre lignes, dont deux entièrement sous-marines, sont projetées : l'océan Pacifique sera sans doute bientôt traversé par des courants électriques, comme l'Atlantique l'est depuis huit années. Bientôt les dépêches arriveront à Paris et à Londres de tous les points les plus éloignés du globe, et on lira dans les journaux le récit des événements principaux arrivés pendant le jour (et aussi la nuit) dans les cinq parties du monde. C'est à chacun de conjecturer quelle sera, pour l'avenir, l'influence de ces communications télégraphiques au point de vue des relations politiques, commerciales, industrielles ; en un mot, au point de vue de la civilisation progressive. »

V

Il y a quelques années, on obtint un nouveau résultat bien
intéressant. On a réussi à augmenter la rapidité des communications télégraphiques par la solution de ce difficile
problème : envoyer plusieurs dépêches par le même fil. Pour
cela, nous avons d'abord le système duplex, imaginé par
Preece. Un courant dégagé par une pile de quatre éléments,
et un second provenant d'une pile de huit éléments, arrivent
à deux manipulateurs. Deux courants, dont l'un est plus
intense que l'autre, circulent donc alternativement le long
du fil de la ligne ; l'un des récepteurs recevra les courants
doubles, l'autre les courants simples.

Quant au système quadruplex, voici en quoi il consiste :
Quatre employés, assis devant quatre manipulateurs correspondant au même fil, expédient chacun des dépêches.
Il est facile de concevoir que, les courants étant intermit-
tents, il y a des moments, très courts d'ailleurs, où le fil
de la ligne n'en reçoit pas. Partant de là, chaque employé
envoie à tour de rôle une lettre de sa dépêche, et pour qu'il
n'y ait pas de confusion, il est averti du libre passage par
le choc d'un électro-aimant. Ce dernier appareil est appelé
distributeur.

On se sert pour le système quadruplex du télégraphe
Meyer, à clavier de cinq touches, dont les combinaisons

Télégraphie militaire de M. Trouvé.

forment les lettres de l'alphabet, comme les clefs d'un cornet à piston peuvent émettre toutes les notes. L'employé prépare donc sa lettre pendant l'envoi des autres, et aussitôt que le fil est libre, il lance le courant à son tour.

Il faut être témoin de ce genre de travail pour se rendre compte de la vitesse que l'on peut obtenir avec un peu d'habitude.

Enfin, comme dernière merveille télégraphique, il y a le télégraphe qui transmet simultanément et en sens inverse deux dépêches : l'employé en reçoit une, pendant que par le même fil il en envoie une autre. Toujours d'après le principe que le fil de la ligne ne reçoit pas continuellement de courant, on a recours à un régulateur qui expédie l'un après l'autre, pour l'aller et le retour, les divers courants que les manipulateurs envoient; ce n'est plus qu'une affaire de mécanisme.

Dès que la télégraphie électrique apparut, on put prévoir qu'elle viendrait un jour au service de l'art militaire. Cette prévision a été réalisée par l'appareil de M. Trouvé.

Pour arriver à un système de télégraphie qui fût applicable en campagne, il fallait en réduire les différentes parties au moindre volume possible, de manière que l'appareil complet pût être transporté et établi n'importe où et en peu de temps. Voyons comment ce but a été atteint par M. Trouvé.

Il suffit de deux hommes pour établir une communication télégraphique à une distance d'un kilomètre. L'un des hommes reste stationnaire. Il est muni d'une boîte qui renferme la pile et d'un appareil de correspondance dont le volume n'est pas supérieur à celui d'une montre.

Le second soldat porte ses ustensiles sur le dos. Ils se composent également d'une cassette renfermant la pile et d'un appareil de correspondance suspendu à côté.

En outre, il est muni d'une bobine tournant autour d'un axe fixé au-dessus de sa boîte. Autour de la bobine est enroulé le double fil conducteur, dont les bouts se rattachent à l'appareil du soldat stationnaire. A mesure que l'homme avance, la bobine se déroule. A la distance de mille mètres, toute la provision sera déroulée. S'il est néces-

saire alors d'allonger encore le fil, un troisième soldat muni
d'une bobine semblable rattachera ses fils à ceux du second
et marchera en avant. On peut ainsi prolonger les communications à une grande distance.

Les fils sont entourés de gutta-percha. On peut les laisser
étendus à terre, mais il est préférable de les suspendre aux
branches des arbres, si c'est possible. On peut aussi les
étendre dans l'eau.

Lorsqu'une armée en campagne se sert de cet appareil,
on recherche ordinairement les sentiers abrupts, imprati-
cables pour les canons, afin que les fils ne soient pas endommagés par les roues.

Dans ce système on fait usage de deux fils conducteurs,
tandis que les télégraphes ordinaires n'emploient qu'un fil
unique qui se perd en terre. La terre, nous l'avons déjà
dit, remplit alors la fonction du second fil. Ce second fil
pourrait être supprimé si on pouvait toujours établir une
bonne perte en terre; mais, en campagne, il pourrait y
avoir souvent impossibilité de le faire; de sorte que, pour
la télégraphie militaire, le double conducteur a été jugé
préférable [1].

Je ne puis me résoudre à terminer cette première partie
sans dire au moins un mot du télégraphe optique des
marins. Au moyen âge, l'homme osait à peine s'aventurer
sur l'Océan; jamais il ne perdait de vue les côtes. S'il osait
se risquer trop au large, toute communication avec le monde
vivant était interceptée. C'était un homme séparé de l'humanité, souvent perdu pour elle. Aussi le marin épouvanté
peuplait-il ce désert de monstres effrayants, comme la sirène
des Latins ou le kraken du Nord, de génies tous malfai-
sants. Maintenant l'homme en mer peut correspondre de
toutes façons avec ses semblables restés sur terre. Les
phares guident sa route de leurs lumières, les sémaphores
de leurs petites flammes lui signalent l'état de la mer aux
abords des côtes. Est-ce tout? Non, le matelot pourra encore
échanger des mots, des phrases entières avec la terre; et
l'appareil employé est bien simple. C'est un projecteur

----

[1] Extrait de l'*Illustration européenne*, 2 janvier 1878.

ordinaire dont les lueurs sont interceptées par un petit
obturateur que l'opérateur peut à son gré soulever et abais-
ser. L'alphabet est celui du télégraphe Morse. Une lueur
courte est un point; une lueur prolongée est une ligne.
Cette lumière, lorsque aucune brume ne vient l'obscurcir,
peut porter jusqu'à trente kilomètres. Et maintenant, matelots, voguez en paix : la science est puissante et l'humanité
veille sur vous.

LES

FEUX DE GUERRE

PREMIÈRE PARTIE

LE FEU GRÉGEOIS

I

Rôle primitif du feu dans la guerre. — Mélanges inflammables : leur origine, leur introduction en Europe sous le nom de *feu grégeois*.

Le feu joue un rôle capital dans l'histoire des luttes san-
glantes qui depuis la formation des sociétés désolent notre
malheureuse planète. Le jour où pour la première fois deux
tribus sauvages se disputèrent par les armes la possession
d'une terre de chasse ou d'un pâturage, l'une d'elles au moins
dut songer à se servir du feu pour détruire les huttes, les
plantations et les bestiaux de l'autre. La première *arme à feu*
fut donc une branche d'arbre résineux enflammée à l'une de
ses extrémités, et qu'il fallut porter à la main ou lancer
d'une faible distance sur l'objet qu'on voulait embraser. Plus
tard on s'avisa d'envelopper de branchages allumés des ani-

maux qu'on lâchait furieux et flamboyants sur le territoire
du peuple avec lequel on était en guerre. Ce fut ainsi que
Samson détruisit les moissons des Philistins, en y lançant
trois cents renards attachés les uns aux autres, et chargés
de lianes sèches auxquelles il avait mis le feu [1]. C'est le premier essai de *télémachie* [2] pyrotechnique dont l'histoire fasse
mention. Depuis on eut souvent recours à des artifices
semblables; mais il s'écoula sans doute beaucoup de temps
encore avant qu'on apprit à préparer de véritables projectiles incendiaires, et l'antiquité ne nous a point laissé de
monument où nous trouvions sur ce sujet des renseignements positifs.

Ce qu'on peut aujourd'hui considérer comme certain,
c'est que la pyrotechnie proprement dite prit naissance
en Orient. A une époque très reculée, les Chinois, les
Indiens, les Mongols, les Persans, savaient composer et
employaient dans les sièges, dans les combats sur mer
et dans les fêtes publiques, divers mélanges inflammables.
Ces mélanges étaient faits de matières ayant la propriété
d'adhérer fortement aux corps contre lesquels on les appli-
quait, de continuer à brûler sur l'eau, et d'être difficilement
éteints par ce liquide. Ils étaient formés d'huile, de goudron et d'autres substances grasses et résineuses dont la
chaleur du climat favorisait l'action, et leur usage était
répandu dans toute l'Asie longtemps avant qu'on les connût
en Occident.

Les premiers Européens qui se servirent d'un mélange
semblable furent les Grecs du Bas-Empire, d'où le nom de
feu grégeois. Eux-mêmes l'appelaient *feu préparé* (ἐσκευασμένον
πῦρ). Il leur fut apporté par un architecte syrien nommé
Callinique, qui s'en attribua l'invention. Ce Callinique avait
suivi le calife Mouraïa au siège de Constantinople, où régnait
alors Constantin IV surnommé *Pogonat* ou le *Barbu;* bientôt
il passa du côté des Grecs, et vint offrir à l'empereur de lui

---

[1] Bible, livre des Juges, chap. xv, vers. 4 et 5.
[2] Nos lecteurs voudront bien nous pardonner ce néologisme, que nous nous permettons pour éviter une périphrase. Nous formons notre substantif des deux mots grecs τῆλε, *loin,* et μάχομαι, *je combats. Télémachie* signifie donc l'action de *combattre de loin.*

livrer un secret grâce auquel sa flotte deviendrait invincible et sa capitale imprenable. Constantin accueillit avec enthousiasme une offre aussi avantageuse, et s'en servit avec succès pendant cinq années pour repousser les attaques réitérées des musulmans. Il déclara *secret d'État* la préparation du feu grégeois, et voulut qu'elle fût exclusivement confiée à Callinique et à ses descendants. Les peines les plus sévères furent en même temps portées contre quiconque oserait en divulguer le mystère ou chercherait à le pénétrer. Lors de la première croisade, les princes chrétiens demandèrent à Alexis Ier Comnène, pour combattre les infidèles, le puissant secours de son feu artificiel; mais Alexis se garda bien de leur communiquer un procédé qu'il considérait comme le palladium de son empire; et tout ce que les croisés purent obtenir de lui, ce fut qu'il leur prêtât un certain nombre de vaisseaux montés exclusivement par des marins et des artificiers grecs, et munis de la composition incendiaire.

Malgré toutes ces précautions, le secret finit par s'éventer, soit par l'effet d'une trahison, soit par suite des rapports qui, après les croisades, s'établirent forcément entre les Européens et les Arabes. Ceux-ci, en effet, connaissaient le feu grégeois aussi bien et mieux que les Grecs; ils le tenaient probablement des Indiens et des Chinois, avec lesquels ils entrèrent en relation dès le premier siècle de l'*hégire* (VIIe de notre ère), et s'en servaient non seulement dans les sièges et sur mer, comme faisaient les Grecs, mais encore dans les batailles rangées, ainsi que nous le verrons tout à l'heure. Chez eux, la préparation des mélanges inflammables était dans le domaine public; plusieurs savants de leur nation en parlent très explicitement dans des ouvrages dont quelques-uns sont parvenus jusqu'à nous, et tout fait présumer que ce fut par eux qu'on connut en Occident non seulement le feu grégeois, mais encore la poudre à canon.

II

Composition et emploi des mélanges inflammables chez les Grecs et chez les Arabes. — Décadence du feu grégeois. — Fables et préjugés auxquels il a donné lieu.

MM. Reynaud et Favé[1] ont trouvé à la bibliothèque de Leyde un très ancien manuscrit arabe où sont décrites la composition *du feu qui brûle sur l'eau* et la manière de frapper l'ennemi avec des seringues. Or ce *feu qui brûle sur l'eau* n'était autre chose qu'un mélange intime de poix, de résine, d'huile de naphte épurée et de soufre. Tantôt on l'employait sous forme de brûlots que les vagues et le vent poussaient contre les navires; tantôt on le lançait au moyen de balistes et d'autres machines analogues, ou bien on disposait à l'avant des vaisseaux des tubes d'où il était chassé violemment par la pression d'un piston. Le déplacement brusque de l'air dans ces appareils, assez semblables aux jouets que les enfants appellent *canonnières*, produisait une sorte de détonation; et c'est là sans doute ce qui fit dire à l'empereur Léon le Philosophe, dans son traité *de la Tactique* : « ... Tels sont ces feux préparés dans des tubes d'où ils partent avec un bruit de tonnerre et une fumée enflammée, qui va brûler les vaisseaux sur lesquels on les envoie. » Souvent aussi on enfermait le mélange dans des pots ou bouteilles dont l'orifice était muni d'une mèche allumée, et qu'il suffisait de jeter

---

[1] Auteurs d'un remarquable ouvrage sur les *Feux de guerre et le feu grégeois.*

ou simplement de laisser tomber d'un lieu élevé, pour qu'en se brisant ils répandissent la flamme et la terreur sur les navires ou dans les rangs ennemis. Enfin les soldats portaient cachés sous leurs boucliers des siphons à main (χειροσίφωνα) pleins de feu artificiel, qu'ils lançaient au visage de leurs adversaires. On attribue à l'empereur Léon le Philosophe l'invention de ces siphons.

MM. Reynaud et Favé citent également un nommé Marcus Græcus ou *le Grec*, dont le manuscrit, intitulé *Liber ignium ad comburendum hostes tam in mari quam in terra*, a été imprimé à Paris en 1804. Suivant cet écrivain, peut-être apocryphe, on peut produire le feu grégeois avec une préparation formée d'une partie en poids de sel ammoniac, une partie de sandaraque et quatre parties de poix, le tout chauffé doucement en vase clos. Pour ce qui est de l'emploi de cette mixture, il consiste, d'après le même auteur, à l'enfermer dans une outre qu'on plante au bout d'une broche enduite de naphte et fixée perpendiculairement sur une planche enduite aussi de la même substance; on met le feu à l'appareil, on le lance du rivage dans la mer, « ... et, dit Marcus, l'appareil marchant sur les eaux met le feu à tout ce qu'il rencontre. » Mais encore fallait-il qu'il rencontrât quelque chose, et on est en droit de supposer que ceux contre lesquels un semblable engin était dirigé ne devaient pas avoir beaucoup de peine à l'éviter.

En général, tous les écrivains du moyen âge qui ont parlé du feu grégeois en ont fort exagéré la puissance; mais ce que nous pouvons en ce genre offrir de plus curieux à nos lecteurs, c'est un passage du manuscrit arabe dont nous parlions il y a un instant. L'auteur y décrit avec une pompe et une naïveté plus qu'orientales les effets épouvantables d'un liquide où il fait entrer du naphte bleu, de la marcassite, du soufre, du vinaigre et... *de l'urine d'enfant*. Nous citons textuellement la traduction que donnent MM. Reynaud et Favé de ce morceau caractéristique.

« Lorsque tu voudras détruire un château, un mur ou toute autre construction, ordonne aux artificiers de tirer des vases une portion de ce naphte...; ils le lanceront sur l'objet que tu veux détruire. Aie soin de choisir le moment où le

vent est favorable, c'est-à-dire tourné contre l'ennemi...
Après cela, tu feras avancer d'autres hommes avec du feu
et du naphte. En effet, *le feu de naphte, lorsqu'il a ressenti
les exhalaisons de ce liquide,* s'enflamme, s'étend, grandit
et produit un grand bruit et un sifflement terrible. Le spec-
tacle qui s'offrira à tes yeux sera horrible ; tu verras le château, *s'il est bâti en quartiers de pierres, s'ébranler et se
fendre ;* les blocs se précipiteront les uns sur les autres avec
le bruit du tonnerre... *Si le château est bâti en pierres et
en mortier,* tu le verras, *au bout d'une heure, démoli et consumé ;* s'il reste quelques débris qui ne soient pas brûlés,
fais approcher les artificiers avec le liquide préparé et du
naphte : le naphte prendra feu, et ce qui est dans l'intérieur
sera consumé. Il s'élèvera une fumée épaisse, et l'ennemi
périra à la fois par la puanteur et par l'incendie ; *il ne se
sauvera que ceux qui auront pris la fuite* avant de sentir la
mauvaise odeur et avant que le feu les ait atteints. Personne,
pendant trois jours, ne pourra pénétrer sur le théâtre de
l'incendie à cause de sa fumée, *de son obscurité* et de sa
puanteur. Si tu veux mettre en fuite les défenseurs de ce
château, ramasse beaucoup de bois à la porte, et *attends
qu'il souffle un vent violent contre l'édifice.* Tu ordonneras
aux ouvriers en naphte de lancer sur le bois du liquide préparé ; ensuite ils attaqueront le bois avec du feu de naphte.
Quand les défenseurs du château sentiront l'odeur de cette
eau, ils périront, *et il ne se sauvera que ceux qui auront
pris la fuite.* On ne pourra pas se maintenir un seul instant
dans le château à cause de la fumée, de l'odeur infecte et
de la chaleur. *Si la porte du château est en fer,* et que tu
veuilles en forcer l'entrée, fais-y lancer de cette eau, puis
tu l'attaqueras avec du feu de naphte ; *la porte sera brisée,
mise en pièces ; elle tombera par terre à l'heure même...* »

En réalité, le *feu de naphte* n'était, nous le répétons,
qu'une préparation incendiaire, dangereuse sans doute pour
les navires, les édifices et les constructions en bois, dangereuse même pour les hommes qu'elle atteignait ; on pouvait y ajouter certaines substances qui, en se dégageant et
en réagissant les unes sur les autres, donnassent naissance
à des gaz infects et délétères, tels que le sulfure de carbone,

l'hydrogène sulfuré, etc. ; mais de là aux effets que lui attribue si généreusement l'écrivain arabe, il y a loin, et les divagations de ce visionnaire ne souffrent pas le moindre examen, ni ne méritent qu'on les réfute.

Quoi qu'il en soit, les musulmans faisaient grand cas des mélanges inflammables, et ils portèrent l'art de les employer au plus haut degré de perfection où l'état de la science permit alors d'arriver. Non contents de se servir d'arbalètes, de machines à frondes, de *flèches* et de *lances à feu*, ils imaginèrent une arme terrible ; c'était la *massue à asperger*, sorte de goupillon chargé du liquide bitumineux, et qu'ils secouaient sur leur ennemi de façon à le couvrir de flammes [1]. Ils firent plus : pour jeter le désordre dans les rangs d'une armée en frappant de terreur les hommes et les montures, éléphants et chevaux, ils lançaient contre elle des *cavaliers flamboyants*. On recouvrait l'homme d'un manteau et le cheval d'un caparaçon en laine imbibés d'huile de naphte, et garnis en outre de clochettes dont le tintement devait donner au monstre artificiel quelque chose de plus effrayant ; mais pour empêcher que l'homme et le cheval ne fussent eux-mêmes brûlés, leur armure inflammable était doublée d'un vêtement protecteur également en laine, et enduit d'un mastic fait avec du vinaigre, de l'argile rouge, du talc dissous, de la sandaraque et de la colle de poisson. Ainsi équipé, le cavalier *s'allumait* et se dirigeait à fond de train contre la ligne ennemie ; mais ce stratagème ne pouvait réussir que contre des guerriers pris à l'improviste, ou ne connaissant ni la propriété du feu de naphte ni la limite du parti qu'on en pouvait tirer ; et encore fallait-il que les *cavaliers flamboyants* calculassent bien leur distance, afin de ne pas s'éteindre avant d'être arrivés à leur but. Dans le cas contraire, non seulement le stratagème avortait, mais encore il perdait son prestige, et partant sa virtualité. Ce fut ce qui arriva l'an 1300, dans la bataille que livra le sultan d'Égypte à Gazan, khan des Mongols, près d'Émèse en Syrie. « Au moment où l'action allait s'engager, disent MM. Rey-

[1] A la fin du xiii° siècle, lors de l'invasion des Tartares, les Égyptiens avaient parmi eux des cavaliers armés de lances à feu, de massues à asperger et de flacons remplis de même mélange, et dont le goulot était enduit de soufre.

naud et Favé d'après l'historien arabe Makrizi, Gazan commanda à ses troupes de rester immobiles et de ne bouger
que lorsqu'il en donnerait le signal. Tout à coup cinq cents
mameluks, choisis parmi les artificiers, sortent des rangs
de l'armée égyptienne, leur naphte allumé, et s'élancent de
toute la vitesse de leurs chevaux; mais au bout d'un certain
temps, comme les Mongols étaient restés en place, le naphte
s'éteint, et les artificiers, déjoués dans leur manœuvre, se
voient obligés de retourner sur leurs pas. C'est alors que
Gazan commanda l'attaque. » Ce fut surtout contre les chrétiens, dans les deux dernières croisades[1], que les Sarrasins
se servirent avec succès du feu grégeois. Il faut lire les chro-
niqueurs du temps, notamment Joinville, pour se faire une
*idée des terreurs paniques qu'inspiraient aux croisés les
armes étranges des musulmans.* D'ordinaire pourtant les
chrétiens en étaient quittes pour la peur, ou le mal réel produit par ces feux tant redoutés se bornait à quelques brû-
lures assez légères; mais on sait qu'en ces temps d'ignorance
tel guerrier qui, pour obéir aux lois de l'honneur et de la
religion, eût affronté mille morts, lâchait pied, ou *même
demeurait pétrifié par la frayeur, devant la moindre apparence d'un danger regardé comme surnaturel. Or les engins
ignifères des Africains* ressemblaient si peu à toutes les
machines de guerre connues en Europe, que les chevaliers
et leurs hommes *d'armes* purent voir dans les lances à feu
et dans les massues à asperger des inventions infernales, et
prendre les cavaliers flamboyants pour des diables envoyés
par Satan au secours des infidèles. Au reste, cette première
impression fut de courte durée, et lorsque les Européens
eurent vu de près le feu grégeois, ils apprirent bientôt à s'en
préserver aussi aisément que les Orientaux eux-mêmes, et
cessèrent de lui attribuer des propriétés magiques qu'il était
loin de posséder. Néanmoins les amateurs *quand même* de
merveilleux continuèrent longtemps à répandre sur cette
composition des récits qui se sont assez accrédités pour se
voir accueillis par plus d'un écrivain réputé sérieux; et c'est
à peine si, au moment où nous écrivons, une petite minorité

---

[1] Dirigées par saint Louis contre les musulmans d'Afrique (1248-1249).

de gens éclairés sait à quoi s'en tenir sur la propriété du feu grégeois. Bon nombre de personnes sont encore fermement persuadées que ce feu était inextinguible; que l'eau, loin de l'étouffer, ne faisait qu'augmenter sa furie; qu'il continuait de brûler à une certaine profondeur dans la mer, etc. etc... Et si vous demandez quels étaient donc les éléments dont la combinaison produisait des résultats si contraires à toutes les lois connues de la physique et de la chimie, on vous répondra avec candeur que *la recette est perdue*, qu'*on n'a jamais pu la retrouver!*...

La vérité est qu'à la suite des croisades ce grand secret ne tarda pas à être connu de tout le monde, et que le feu grégeois, réduit ainsi à son rôle primitif et réel de procédé incendiaire, fut employé comme tel, non seulement par les Orientaux, mais encore par les Européens, entre les mains de qui il devint une arme très commune et très secondaire. Peu à peu, et surtout après l'introduction de la poudre à canon, on en fit un usage de moins en moins fréquent, et l'on finit même par l'abandonner à peu près complétement, pour se servir des armes bien plus puissantes qu'on apprit à confectionner. Si donc la recette en a été perdue, c'est qu'elle ne valait guère la peine d'être conservée, et c'est pour une pareille raison qu'on a longtemps négligé de la rechercher. Car le feu grégeois n'offre plus rien d'intéressant aujourd'hui qu'au point de vue historique et spéculatif; son mérite le plus réel est d'avoir précédé et amené l'invention de la poudre, et c'est à ce titre que nous avons cru en devoir entretenir nos lecteurs avec quelque développement.

Nous verrons bientôt, du reste, le feu de naphte reparaître de nos jours sous une forme nouvelle, et au milieu de circonstances qui resteront à jamais gravées dans la mémoire des hommes.

DEUXIÈME PARTIE

LA POUDRE A CANON

I

Précis historique. — Erreurs sur l'origine de la poudre et ses prétendus inventeurs. — La poudre chez les Orientaux. — Son introduction en Europe. — Premières armes à poudre. — Armes modernes.

C'est un préjugé assez généralement admis, que toute invention suppose un inventeur; et les historiens, en vertu de cet axiome, se croient souvent obligés de désigner par ses nom et prénoms l'auteur de chacune des découvertes qu'ils ont à signaler. Plusieurs le font naïvement, sur la foi de documents dont ils ne se donnent pas la peine de constater l'authenticité; d'autres n'ont en vue que d'éblouir leurs lecteurs par l'étalage d'une fausse érudition, et ne se font pas faute au besoin, un inventeur manquant, de le créer tout exprès. Cette sorte de charlatanisme est heureusement devenue plus rare, aujourd'hui qu'on s'occupe avec plus de soin à fouiller les arcanes du passé, et que les progrès de la science permettent de distinguer plus aisément l'erreur et le mensonge d'avec la vérité. Mais autrefois on pouvait débiter, sans courir grand risque d'être démenti, des fables que le vulgaire ignorant et crédule acceptait sans examen. Nous venons d'en voir un exemple à propos du feu grégeois. Ce qu'on a dit sur l'invention de la poudre à canon nous en offre un second, non moins digne d'être signalé.

Cette dernière découverte est, sans contredit, un des événements les plus décisifs de l'histoire, un de ceux qui ont influé et doivent influer encore le plus puissamment sur les destinées de notre monde, dont les habitants dépensent à s'entretuer la moitié de leur temps et de leurs forces. Eh bien, consultez sur l'origine de la poudre ces romanciers parés du titre d'historiens. L'un vous dira qu'elle a été inventée par le moine anglais Roger Bacon [1]; l'autre, qu'on la doit au moine

---

[1] Roger Bacon, né à Ilchester en 1214, mort à Oxford en 1292, était peut-être l'homme le plus savant de son siècle. Certains passages de ses volumineux ouvrages prouvent évidemment qu'il connaissait la propriété de la poudre à canon, alors que cette poudre était encore ignorée de toute l'Europe chrétienne; mais il a, dans les mêmes passages, donné d'avance un démenti formel à ceux qui lui en attribuaient l'invention, puisqu'il y déclare que le mélange du salpêtre avec le soufre et le charbon était de son temps, dans plusieurs contrées, un jouet aux mains des enfants. Il paraît, du reste, se soucier peu d'en faire connaître la formule; dans son livre intitulé *De secretis Operibus artis et naturæ*, il la donne dans un langage anagrammatique, intelligible sans doute pour ceux seulement qui étaient initiés aux sciences occultes. Et dans son *Opus majus*, dédié au pape Clément IV, il se borne à décrire avec beaucoup d'exagération les effets de la préparation salpêtrée. Voici, du reste, les deux passages auxquels nous faisons allusion; nous mettons en regard le texte de la traduction littérale :

« Mais cependant du salpêtre... [*mots intraduisibles*] du soufre, et ainsi tu feras du tonnerre et de l'éclair, si tu connais l'artifice. » (*Des Œuvres secrètes des arts et de la nature.*)

« Sed tamen salis petræ [*luru vope vir can utriet*] sulphuris, et sic facies tonitrum et coruscationem, si scias artificium. » (*De secretis Operibus artis et naturæ.*)

« Certaines choses troublent l'ouïe au point que si elles se produisaient subitement la nuit, et avec un artifice suffisant, aucune cité, aucune armée ne les pourrait supporter. Le bruit d'aucun tonnerre ne pourrait leur être comparé. Certaines choses impriment tant de terreur à la vue, que les éclairs des nuages la troublent bien moins, sans comparaison. Et nous faisons l'expérience de cette chose *par cet amusement puéril qui se pratique en plusieurs parties du monde*, à savoir qu'un instrument étant fait de la grosseur du pouce d'un homme, par la violence de

« Quædam vero auditum perturbant in tantum, quod si subito de nocte et artificio sufficienti fierent, nec posset civitas nec exercitus sustinere. Nullius tonitrui fragor posset talibus comparari. Quædam tantum terrorem visui incutiunt, quod coruscationes nubium longe minus et sine comparatione perturbant. Et experimentum hujus rei capimus *ex hoc ludicro puerili quod fit in multis mundi partibus*, scilicet ut instrumento facto ad quantitatem pollicis humani, ex violentia illius salis qui *sal petræ* vocatur, tam horribilis sonus nascitur in ruptura mo-

suisse ou allemand Berthold Schwartz[1] ; un troisième, que
le premier qui composa ce terrible mélange fut un moine
français appelé Jean Tilleri[2], lequel a donné son nom à l'artillerie (*art de Tilleri*)[3]. Pas un n'aura le courage d'avouer
qu'il n'en sait rien : seule réponse raisonnable pourtant que
comporte cette question, à moins qu'on ne dise, ce qui revient
à peu près au même, que l'invention de la poudre n'appartient à aucun individu en particulier, que tout au plus peut-
on l'attribuer à une nation plutôt qu'à une autre, et qu'elle
est au résumé, comme tant d'autres, l'œuvre du temps et de
l'expérience.

La Chine est le pays du monde où le salpêtre est le plus
abondant et le plus facile à recueillir, puisqu'il s'y effleurit
à la surface du sol, et qu'on peut s'en procurer de grandes
quantités non seulement en l'extrayant des terres par le lessivage, mais même en l'enlevant avec des pelles. La propriété
qu'il possède de fuser avec éclat sur des charbons ardents,
en activant la combustion d'une manière très sensible, ne
put être longtemps ignorée des Chinois, et c'est une conjec-
ture très rationnelle, que de croire qu'ils eurent les premiers
l'idée d'ajouter le nitre aux compositions inflammables dont
ils se servirent de bonne heure, tant dans la guerre que dans
les fêtes publiques ou particulières. Est-il vrai, comme l'ont
affirmé quelques orientalistes et quelques voyageurs, que la

---

dicæ rei, scilicet modici pergameni,
quod fortis tonitrui sentiatur excedere
rugitum, et coruscationem maximam
sui luminis jubar excedit. » (*Opus
majus.*)

ce sel, qui est appelé *sel de pierre*, il
naît un son si horrible de la rupture
d'un peu de matière, c'est-à-dire d'un
peu de parchemin, qu'on sent qu'il dé-
passe le rugissement d'un fort tonnerre, et que l'éclat de sa lumière surpasse le plus violent éclair. » (*Grand
Œuvre.*)

[1] Personnage problématique auquel on a aussi attribué l'invention des armes
à feu, et dont nous aurons occasion de reparler plus loin.

[2] Personnage encore plus problématique que le précédent : on n'a sur lui aucune donnée offrant le moindre caractère de probabilité.

[3] La véritable étymologie du mot *artillerie* est assez incertaine. Selon les uns,
il vient du vieux verbe français *artiller;* selon d'autres, des deux mots latins
ars tollendi (art d'enlever), ou de *ars teli* (art du trait, des armes qui se lancent),
ou enfin de *artio-ire* (faire entrer de force). Le fait est que l'artillerie existait
longtemps avant la poudre et les canons : c'était alors l'ensemble des machines
de guerre, balistes, béliers, catapultes, etc., dont on se servait dans les sièges ;
l'invention de la poudre n'a fait que la modifier.

connaissance de la poudre, de sa fabrication, de ses usages, remonte chez eux au berceau de leur civilisation [1] ? — Il est permis d'en douter. Toutefois des témoignages irréfragables prouvent que le mélange du salpêtre avec le soufre et d'autres corps combustibles leur était familier bien antérieurement à son introduction en Europe. Au XIe siècle, ils fabriquaient des armes et des machines telles que les *flèches à feu,* les *ruches d'abeilles,* les *foudres de terre,* etc.; et, environ deux cents ans plus tard, leur pyrotechnie avait atteint un degré de perfection qui, chez un peuple aussi lent dans ses progrès intellectuels, suppose nécessairement une origine fort ancienne. « Les Chinois, assiégés en 1232 dans Kaï-Fong-Fou par les Mongols, dit M. Quatremère de Quincy [2], lançaient sur eux des boulets de pierre ronds de différents poids. Il y avait aussi dans cette ville des *ho-pao* ou *tchin-tien-leï* à feu, dans lesquels on mettait de la poudre. Cette poudre prenant feu, ils éclataient comme un coup de tonnerre et se faisaient entendre à plus de cent *ly*; leurs effets s'étendaient à un demi-arpent à la ronde. Comme les Mongols s'étaient creusé sous terre des retraites où ils étaient à l'abri des coups, on s'avisa de lier avec des chaines les machines appelées *tchin-tien-leï,* et on les descendit dans le lieu où étaient les sapeurs mongols; elles prirent feu et mirent en pièces les hommes et les boucliers. Les Chinois avaient encore une espèce de javelot qu'ils appelaient *feï-ho-tsiang (javelots de feu qui vole);* dès que la poudre qu'ils y mettaient prenait feu, ces javelots étaient poussés à plus de dix pas et faisaient des blessures mortelles. »

Les Indiens, de leur côté, possédaient vers le même temps certaines armes à feu, dont ils attribuaient l'invention à Visvacarma (le Vulcain des Grecs et des Latins), qu'ils considéraient aussi comme le fabricateur de la foudre [3]. Ce furent

---

[1] Le R. P. Lecomte, jésuite, dit que les Chinois ont eu de la poudre *de tout temps;* que de là elle a passé dans les Indes voisines, et ensuite en Europe.

[2] Traduction de l'*Histoire des Mongols.*

[3] Malthus, ingénieur qui vivait au XVIe siècle, dit dans son *Traité d'artillerie:* « Il y a bien apparence que le canon était inventé devant le temps d'Alexandre le Grand, ou pour le moins de son temps, etc. Il semble qu'il n'osait passer le fleuve Cyphesis, d'autant qu'il y avait là une ville imprenable, de laquelle ce peuple avait la réputation d'être parent des dieux; et, sans sortir d'icelle, dar-

sans doute les Chinois ou les Indiens qui transmirent aux Arabes l'usage des mélanges salpêtrés, comme ils leur avaient transmis ceux du feu grégeois. Cela paraît ressortir de l'un des noms que les musulmans donnaient au salpêtre. Ils l'appelaient *baroud blanc* ou *neige de Chine*. Il existe à la bibliothèque impériale de Saint-Pétersbourg un manuscrit arabe, que M. Reynaud a fait connaître ; c'est un traité fort étendu de l'art militaire. L'auteur, Nedjin-Eddin-Hassan le Bossu,

Canons dont se servirent les Anglais à la bataille de Crécy.

mourut l'an 695 de l'hégire (1295 de l'ère chrétienne) ; il déclare écrire *d'après les observations recueillies par son père, ses aïeux et les maîtres de l'art en général*, et parle de plusieurs préparations dont les principaux ingrédients étaient le *baroud*, le soufre et le charbon ; on y ajoutait quelquefois de l'arsenic, de la pierre d'encens et de la limaille d'acier. Il donne, entre autres, les trois formules suivantes, qui, comme on le verra, se rapprochent singulièrement de celles de notre poudre à canon.

1. Baroud, 10 drachmes. — Soufre, 1 drachme. — Charbon, 2 drachmes.
2. Baroud, 10 drachmes. — Soufre, 2 drachmes et $1/3$. — Charbon, 2 drachmes et $1/2$.
3. Baroud, 10 drachmes. — Soufre, un drachme et $1/2$. — Charbon, 2 drachmes et $1/4$.

daient de leurs murailles des foudres et des éclairs sur leurs ennemis. » Philostrate parle, en effet, de cette ville ; mais ce qu'il dit peut aussi bien s'entendre du feu grégeois que la poudre à canon.

Dans un manuscrit arabe, postérieur, il est vrai, mais très ancien aussi, on trouve exactement :

Baroud, 75 parties (en poids). — Soufre, 12 et $^1/_2$. — Charbon, 12 et $^1/_2$.

Ce qu'on ne peut contester, c'est que l'importation en Europe de la poudre à canon soit due aux Arabes d'Espagne, chez lesquels les arts, les sciences et l'industrie florissaient alors que les États environnants étaient encore à demi plongés dans la barbarie. Il est impossible toutefois d'assigner d'une manière précise le moment où ils en firent le premier essai. A la vérité, l'historien espagnol J.-A. Conde raconte [1] que les Arabes assiégés dans Niebla par les Espagnols, en 1257, se défendirent *en lançant des pierres et des dards avec des machines, et des traits de tonnerre avec feu*, et qu'en 1323 le roi de Grenade, assiégeant Baësça, se servit contre cette ville de machines et d'engins qui lançaient des globes de feu *avec grands tonnerres;* on cite aussi un poème composé à la fin du XIIIe siècle, par Abu-Assan-Ben-Bia, sur les machines de guerre, et dans lequel il est question du baroud ; mais ni l'historien ni le poète ne s'expriment sur ce sujet assez explicitement pour qu'on en soit autorisé à affirmer que les machines dont il s'agit étaient bien de véritables armes à feu dans le sens moderne du mot, et que le *baroud* mentionné par Abu-Hassan était la même chose que la poudre, et employé de la même façon.

Quoi qu'il en soit, cette poudre et ces armes à feu furent d'abord défectueuses sous plusieurs rapports. Ainsi, premièrement, le salpêtre était mal purifié et retenait des sels étrangers, non seulement incombustibles, mais en outre très avides d'eau (surtout de sel marin), en sorte qu'il était loin de pouvoir manifester toute sa vertu ; en second lieu, les proportions les plus convenables du mélange n'étaient pas généralement connues, ni les procédés de trituration assez perfectionnés ; troisièmement enfin, la poudre, au lieu d'être façonnée en grains comme cela se pratiqua plus tard, était laissée à l'état de menue poussière, ce qui lui ôtait beau-

---

[1] *Histoire de la domination arabe en Espagne.*

coup de sa force, et en rendait le maniement très incommode.
Pour ce qui est des armes, ce furent d'abord des cylindres
creux, que le cavalier portait au bout d'un bâton ou bien à
l'extrémité de sa lance. Les Arabes donnaient le nom de
madfaa à cette sorte de fusils primitifs, qui étaient en fer ou
en bois, et doublés de fer en dedans, ou seulement en bois;
une lumière était percée vers la base; on les remplissait aux
deux tiers de poudre ou plutôt de poussière détonnante; puis
on y introduisait le projectile, qui le plus souvent était une
flèche. La *madfaa* étant ainsi chargée, le cavalier s'avançait
vers son ennemi comme pour l'attaquer à l'arme blanche;
quand il était assez près de lui, il approchait de la lumière
une mèche allumée, et la poudre, prenant feu, lançait la
flèche à une certaine distance. On pense bien que la portée
de la madfaa n'était pas considérable, et probablement cette
arme n'était encore en rien supérieure aux arcs et aux
arbalètes, qui, entre les mains d'archers vigoureux et habiles,
portaient aussi juste et presque aussi loin qu'un fusil de
qualité moyenne. On reconnaît aisément l'enfance de l'art
dans la grossièreté même de ces armes à poudre, et cela suffit
à prouver que les Arabes furent, au moins en Occident, les
premiers à en fabriquer et à s'en servir. Les chrétiens, au
contraire, n'en firent usage que lorsque la nouvelle artillerie
avait acquis déjà un certain degré de perfectionnement. Chez
quel peuple chrétien et à quelle époque la poudre fut-elle
employée d'abord? On ne sait non plus rien de positif sur
cette question. D'après un document authentique retrouvé
par M. Libri, on fabriquait à Florence, en 1325, des bombardes et des boulets en fer, et cette fabrication était le privilège exclusif des plus hauts personnages de la république;
d'autre part, Guido Cavalcanti, dans une *canzonetta* composée vers la fin du XIIIᵉ siècle, parle de *bombardes* et de
pierres de bombardes; mais avant l'introduction de la poudre
en Europe, les Italiens donnaient déjà le nom de *bombardes*
à des machines à ressort, au moyen desquelles ils lançaient
des projectiles en pierre ou en fer; rien ne prouve donc que
celles qui sont mentionnées par le poète florentin et par
M. Libri fussent des bombardes à poudre.

Selon Bartholomeo de Ferrare, la poudre joua un rôle im-

portant au siége de Cividale (1331), où les assaillants se servaient de *vasi* qui furent probablement le type original des
mortiers et des obusiers. En France, la nouvelle artillerie
parut au siége de Puy-Guilhem, par Pierre de la Palue (1339),
et à ceux de Cassel et de Calais, par les Anglais (1340 et
1345). A la même époque, une forge pour les canons s'établit
à Cahors, et les habitants de Saint-Valery, assiégés par
Édouard III (1358), purent opposer à l'ennemi des armes
semblables aux siennes. Avant la fin du XIVᵉ siècle la poudre
était connue dans toute l'Europe; mais ce ne fut pas sans
difficulté que l'usage s'en répandit : l'esprit éminemment
chrétien et chevaleresque du moyen âge répugnait à adopter
des armes importées par les musulmans, regardées comme
déloyales et comme devant rendre les combats plus meurtriers qu'ils n'avaient été jusqu'alors[1]. Ce préjugé ne s'effaça
que peu à peu, et de là vient sans doute que pendant plusieurs années nous ne voyons encore figurer l'artillerie à

---

[1] *L'expérience a prouvé que nos pères se trompaient.* Grâce à l'usage universel des armes à poudre, la guerre s'est en quelque sorte *spiritualisée*, si
nous pouvons nous exprimer ainsi, puisque la suprématie de l'intelligence et
du savoir s'y est substituée à celle de la force et de l'adresse physique. Elle est
en outre devenue moins meurtrière, puisqu'aux luttes corps à corps, qui faisaient d'une bataille une immense série de duels à mort, ont succédé des combats où les deux partis, se tenant l'un l'autre à distance, se font relativement
peu de mal. Autrefois point d'action sérieuse sans une mêlée générale, horrible,
qui portait au comble la fureur des soldats, et se terminait d'ordinaire par le
massacre des vaincus; en vain l'on se bardait de fer : l'épée à deux mains, la
hache, le fléau, la masse d'armes, maniés par des hommes aux muscles d'acier,
écrasaient, brisaient, traversaient casque, cuirasse et bouclier. Une fois désar-
çonné, le cavalier, écrasé par sa pesante armure, ne pouvait plus se défendre;
il lui fallait mourir ou s'avouer vaincu, encore se sauvait-il rarement en ren-
dant son épée; car la rage du combat, l'odeur du sang, l'orgueil d'un triomphe
chèrement acheté, laissaient dans l'âme du vainqueur peu de place à la clémence:
la déroute était une boucherie. Aujourd'hui la science et l'habileté stratégiques,
la promptitude et la précision des manœuvres, sont les éléments essentiels du
succès : les engagements à l'arme blanche sont rares; les charges de cavalerie
ne sont le plus souvent que des simulacres; dans les feux de file ou de peloton,
presque tous les coups sont dirigés trop haut ou trop bas; et quant au feu des
batteries, on l'évite assez aisément. Aussi a-t-on renoncé aux armes défensives,
qui gêneraient les mouvements du soldat sans diminuer pour lui le péril; on n'a
laissé le casque et la cuirasse qu'à des corps peu nombreux de cavalerie, dont
le rôle est tout à fait secondaire. En résumé, une bataille, à notre époque, est
avant tout une affaire de calcul et de combinaisons, une sorte de partie d'échecs
dont le gain appartient non pas à l'armée la plus brave (car, n'en déplaise à
l'amour-propre national, on est dans tous les pays à peu près également brave),
mais à celle qui est le mieux exercée, la mieux disciplinée, à celle surtout qui
est le plus savamment dirigée.

poudre que dans l'attaque et la défense des places. Les Anglais
furent les premiers qui, foulant aux pieds les scrupules de leurs
contemporains, se servirent de canons en rase campagne. On
sait que ce fut cette circonstance qui décida en leur faveur
l'issue de la trop célèbre journée de Crécy, si funeste à la
France. En 1376, si l'on en croit la chronique de Froissard,
Édouard III dirigea quatre cents bouches à feu contre la
ville de Saint-Malo, qui fut néanmoins sauvée par les deux
héros français de l'époque, Clisson et du Guesclin. Ce développement énorme donné en si peu de temps à l'artillerie
anglaise paraîtrait fabuleux si l'on ne savait de quelle petite
dimension étaient les premiers canons. Ils pesaient seulement de cinq à vingt kilogrammes ; ils étaient formés de
lames de fer juxtaposées longitudinalement, soudées et cer-
clées également en fer, comme des douves de tonneau. Ce ne
fut qu'en 1478 que les Vénitiens, défendant Chiozza contre
les Génois, se servirent de canons en métal fondu. L'art de
fondre les pièces en alliage leur avait été, assure-t-on, apporté par ce Berthold Schwartz, auquel on a aussi, comme
nous l'avons dit plus haut, attribué l'invention de la poudre
et de l'artillerie ; on ajoute qu'après s'être emparé de son
procédé, les Vénitiens jetèrent Schwartz sous les Plombs,
soit pour se dispenser de le payer, soit pour l'empêcher
d'aller porter ailleurs un secret qu'ils voulaient garder pour
eux seuls[1].

En même temps que ce progrès s'accomplissait, on perfec-
tionnait aussi le raffinage de salpêtre et la fabrication de la
poudre. Bientôt, aux canons, aux bombardes et aux mortiers
on joignit des armes plus portatives qui devaient un jour
entièrement remplacer les arbalètes et les arcs. Ce furent
d'abord les *coulevrines,* sorte de petits canons sans affûts,
que les soldats portaient sur l'épaule et qu'ils braquaient en
les appuyant où ils pouvaient. Puis vinrent les *arquebuses.*
La plus ancienne est l'arquebuse *à croc.* Il fallait deux

---

[1] Quelques historiens allemands, qui croyaient ou voulaient faire croire que
Berthold Schwartz avait, en effet, inventé la poudre, ont imaginé de lui donner
une fin dramatique. Un empereur Wenceslas, selon eux, afin de punir ce personnage par où il avait péché, c'est-à-dire par sa prétendue invention, l'aurait
fait sauter avec un baril de poudre.

hommes pour la manœuvrer. C'était un canon de la forme
de celui d'un fusil, mais plus long, plus renforcé et d'un plus
gros calibre. Il était porté sur un chevalet en bois et retenu
au moyen d'un croc. On y mettait le feu avec un boutefeu.
A l'arquebuse à croc succéda l'arquebuse *à mèche;* celle-ci
était composée d'un fût, d'un canon et d'une platine. La platine était d'un mécanisme très simple; elle portait à son
extrémité inférieure un chien, qu'on nommait *serpentin,* à
cause de sa forme, et entre les mâchoires duquel s'assujet-
tissait une mèche. En pressant avec la main une longue
détente, on faisait jouer une espèce de bascule intérieure
qui abaissait le serpentin, garni de sa mèche allumée, sur
le bassinet, où il mettait le feu à l'amorce. Comme cette
arquebuse était encore fort pesante, *le soldat qui en était
armé* portait aussi un bâton ferré par le bas, de manière
à pouvoir être fixé en terre, et garni par le haut d'une four-
chette ou béquille sur laquelle il appuyait son arquebuse pour
ajuster. L'arquebuse *à rouet,* qui succéda à la précédente,
n'en différait que par son poids, qui était moindre; par la
platine, où l'on avait adapté un chien tenant une pierre entre
ses mâchoires. Lorsqu'on appuyait sur la détente, cette pierre
frottait contre un rouet d'acier crénelé, et produisait des
étincelles qui mettaient le feu à l'amorce.

Il n'y avait pas loin de cet arquebuse au mousquet faisant feu, comme chacun sait, par la percussion *du silex* ou
pierre à fusil sur la pierre qui sert de couvercle au bassinet,
et s'ouvre du même coup d'où jaillissent les étincelles. Ce
progrès accompli, les changements ultérieurs ne portèrent
que sur la forme de l'arme, sur le calibre et la façon du canon; du reste le mécanisme et la manière d'amorcer restèrent
les mêmes jusqu'au moment très rapproché de nous où la
découverte de nombreux composés *fulminants,* c'est-à-dire
détonant par le simple choc, fit substituer aux fusils à pierre
le fusil *à piston* ou à percussion, inventé au commencement
de ce siècle par le Génevois Pauly. Ce fusil a été seul en
usage pendant plus de trente années dans toutes les armées
d'Europe. La commodité de ce système et la rapidité relative
qu'il permettait dans la succession des coups le firent appliquer aussi à l'artillerie de marine, de siége et de campagne;

en sorte que la mèche subit bientôt le même sort que le silex. Depuis l'année 1865 environ, le progrès, selon l'expression d'un militaire dont le nom nous échappe, *a fait merveille* dans l'art de tuer les hommes. Ç'a été, dans les pays qui se piquent de civilisation, à qui inventerait le mécanisme le plus ingénieux pour donner aux armes à feu une portée invraisemblable, et multiplier indéfiniment le nombre des coups que l'on peut tirer en une minute. De ce beau concours d'inventions philanthropiques sont sortis les fusils et les canons rayés en spirale, le fusil à aiguille prussien, le chassepot français, les mitrailleuses, les obus à percussion et bien d'autres chefs-d'œuvre qu'il n'entre pas dans notre dessein de passer en revue.

D'autre part, des essais ont eu lieu à la fin du siècle précédent, et dans le courant de celui où nous sommes, pour modifier l'emploi et la composition de la poudre. Quelques hommes ont prétendu retrouver la recette soi-disant perdue du feu grégeois, qu'ils croyaient plus terrible que la poudre. D'autres ont proposé de remplacer ce dernier mélange par des agents explosifs plus puissants ; d'autres enfin ne visaient à rien moins qu'à faire abandonner presque complètement nos armes à feu, pour faire adopter à leur place des fusées incendiaires. Nous consacrerons tout à l'heure quelques pages à passer en revue ces diverses tentatives ; mais nous pensons qu'il convient de donner auparavant des détails sur l'état actuel de la fabrication de la poudre et des amorces fulminantes. Nos lecteurs voudront bien nous pardonner si, dans le cours de ce travail, il arrive parfois que nous soyons contraint de sacrifier l'élégance du style à la clarté des explications.

II

Composition et propriétés de la poudre. — Théorie de ses effets. —
Préparation de ses éléments.

La poudre est, comme nous l'avons vu déjà, un mélange
intime de trois substances, savoir : le soufre, le charbon de
bois et le salpêtre[1], les deux premiers très combustibles,
la troisième ayant la propriété d'abandonner aisément, sous
l'influence d'une température élevée, son oxygène aux corps
qui en sont avides, et par conséquent d'activer leur combustion. Les produits de la combustion du soufre et du carbone sont gazeux : ils tendent donc, par leur force élastique,
à occuper un espace beaucoup plus considérable que les corps
solides qui leur ont donné naissance. Cela posé, on conçoit
aisément ce qui se passe lorsqu'on enferme dans un vase
clos le charbon, le soufre et le salpêtre pulvérisés, et mélangés dans des proportions telles, que l'oxygène du dernier
corps suffise juste à brûler complètement les deux autres :
l'ignition se communiquant rapidement à toutes les parties
de cette poudre, au lieu d'une matière solide tenant très peu

---

[1] Nous sommes obligé, pour éviter de trop longues digressions, de supposer
que nos lecteurs ont déjà quelques notions de chimie, et savent ce que c'est que
le soufre, le charbon, le salpêtre. Dans le cas où ils ignoreraient la nature des
corps simples ou composés dont nous avons eu et dont nous aurons encore à
parler, nous les prions de vouloir bien consulter à ce sujet quelque ouvrage élémentaire de chimie, par exemple, celui de M. Ducoin-Girardin (*Entretiens sur la
chimie*), écrit avec toute la lucidité et la simplicité désirables.

de place, il se formera subitement une grande quantité de gaz qui, à défaut d'une issue pour s'échapper, briseront leur contenant, ou, s'ils y sont retenus par un corps qui puisse s'en séparer, pousseront violemment cet obstacle au dehors. Or que fait-on, lorsqu'on charge un fusil ou un canon? on y enferme la poudre en la comprimant au moyen d'une balle ou d'un boulet qui ne peut entrer ni sortir qu'à frottement. On lui ménage, il est vrai, une communication avec l'extérieur : c'est la *lumière*, par où l'on met le feu au mélange ;

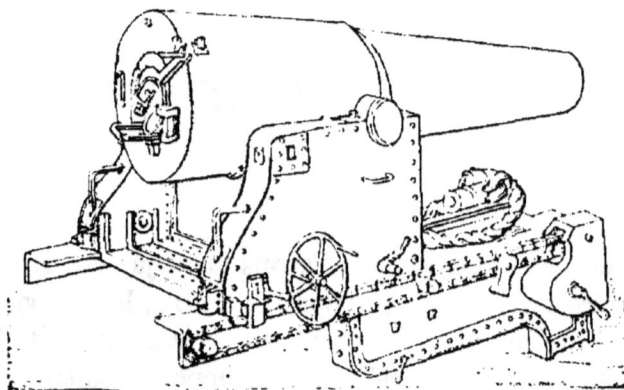

L'artillerie moderne.

mais cette issue est infiniment trop petite pour livrer passage aux gaz qui se forment. Quant au canon, on a soin de le faire assez résistant pour qu'il n'éclate pas ; toute la pression des gaz s'exerce donc sur le projectile, qui, si la charge est suffisante, glisse sur les parois du tube et va se perdre à une grande distance, avec une rapidité telle, que l'œil ne peut le suivre.

Un litre de poudre pesant neuf cents grammes a fourni à M. Gay-Lussac une quantité de gaz qui, soumise à la pression ordinaire de l'atmosphère (0 m. 76 c.) et abaissée à la température de 0°, occupait un espace de quatre cent cinquante décimètres cubes, soit quatre cent cinquante litres ; mais au moment de l'explosion les gaz sont dilatés par la chaleur qui se dégage en très grande abondance, puisque leur température en cet instant n'est pas inférieure à 1,200° : on peut donc admettre qu'un litre de poudre donne, en brûlant, environ 2,000 litres de gaz, et l'on comprendra maintenant sans peine que certaines carabines à *balle forcée* portent à plus de mille mètres, et que quelques hecto-grammes de poudre puissent faire sauter des pans de murailles et des quartiers de roc.

Le produit de la combustion de la poudre est très com-plexe. M. Chevreul, en faisant brûler le mélange de 75 p. 100 de salpêtre, 12,5 de charbon et 12,5 de soufre, a trouvé, outre un résidu solide composé de *sulfure de potassium*, de *sulfate* et *carbonate de potasse*, et de *cyanure de potassium*, un gaz qui contenait pour cent parties :

Acide carbonique. 45,41
Azote. 37,53
Gaz nitreux. 8,10
Hydrogène sulfuré. 0,59
Hydrogène carboné 3,50
Oxyde de carbone. 4,87

plus une certaine quantité de vapeur d'eau. La poudre s'enflamme et détone : 1° lorsqu'on la met en contact avec un corps en ignition ou chauffé jusqu'au rouge cerise ; 2° lorsqu'on la porte subitement à la température de 300° (nous disons *subitement,* parce qu'en la chauffant graduel-lement on peut lui faire atteindre cette température sans qu'elle s'enflamme; on la distille même dans le vide ; le soufre alors se sépare du mélange en se vaporisant); 3° lorsqu'on la frappe d'une étincelle électrique ; 4° lorsqu'on lui fait éprouver un choc violent entre deux corps durs; 5° lorsqu'on la place dans un briquet atmosphérique où l'on comprime l'air jusqu'à ce qu'il n'occupe plus que $\frac{1}{12}$ de son volume primitif.

La qualité de la poudre et la puissance de ses effets dépendent :

1° Des proportions du mélange, proportions qui, du reste, varient peu, et que nous indiquerons tout à l'heure ;

2° De l'état particulier des matériaux employés, savoir : de la pureté du salpêtre et du soufre, de l'espèce du bois, dont on fait le charbon, et de son degré de carbonisation. Nous allons avoir également à revenir sur différents points ;

3º De la dureté des grains, de leur forme, de leur grosseur, de leur lissage et de leur densité. On reconnaît que les grains sont assez durs lorsqu'ils ne s'écrasent pas sous le doigt, et que, frottés sur la paume de la main, ils ne la salissent pas. Moins consistants, ils seraient réduits en poussière par les frottements qu'ils subissent, soit dans les transports, soit dans la confection des cartouches et des gargousses. Le *lissage* a également pour but de les rendre moins friables et d'empêcher qu'ils ne se détériorent en perdant du *poussier* ou *pulvérin;* toutefois on ne doit pas trop prolonger cette opération, notamment si elle s'exerce sur des grains humides : elle leur ôterait de l'homogénéité, et ils prendraient feu trop difficilement. La forme et la grosseur des grains sont d'une grande importance, puisque c'est surtout là ce qui constitue les diverses qualités de poudre; les grains fins et anguleux s'enflamment plus aisément que les grains gros et sphériques, aussi la poudre réservée pour les fusils est-elle anguleuse, dure et sèche, tandis que celle destinée aux mines et à l'artillerie est ronde et d'un grain beaucoup plus gros. Dans un gramme de poudre de chasse de première qualité, on compte de quatre mille huit cent cinquante à cinq mille huit cent cinquante grains, tandis que le même poids de poudre de mine n'en comporte guère que quatre à cinq cents. Enfin, pour ce qui est de la densité, les poudres compactes détonent moins brusquement et se transportent avec moins de déchet que les poudres poreuses; celles-ci sont d'ordinaire *brisantes,* c'est-à-dire que, comme elles s'enflamment avec trop de rapidité, leur effet, sans se faire sentir davantage au projectile, agit fortement sur les parois de l'arme et peut la faire éclater. La bonne poudre doit s'enflammer entièrement avant que la balle ou le boulet soit sorti du canon, et ne brûler que successivement et à mesure du déplacement du projectile. Placée sur une feuille de papier, elle doit brûler rapidement sans laisser de résidu appréciable, et sans communiquer l'ignition au papier. C'est surtout à la qualité du charbon que tient le plus ou moins de densité de la poudre; ce sont les charbons trop légers qui donnent des poudres brisantes.

4° En dernier lieu, la valeur de la poudre dépend aussi des conditions de son emmagasinage; elle doit être tenue à l'abri de l'humidité; encore ne peut-on presque jamais l'en préserver complètement; elle contient d'ordinaire, même dans les magasins les plus secs, 5 ou 6 p. 100 d'eau; la poudre fine absorbe plus d'humidité que la grosse.

La poudre ne se gâte guère que par l'humidité; lorsqu'elle n'en contient pas plus de 7 p. 100, on se borne à la faire sécher; on pourrait même, à la rigueur, l'employer dans cet état; mais quand l'eau s'y introduit en plus grande quantité, elle enlève au mélange une partie notable du salpêtre; il devient alors nécessaire de réparer cette perte, ce qui ne peut se faire qu'en remettant la poudre en cours de fabrication. Avariée par l'eau de mer, la poudre est tout à fait perdue.

Avant de décrire la fabrication de la poudre elle-même, nous croyons devoir traiter succinctement des préparations que subissent dans les laboratoires de l'État les matériaux qui doivent constituer le mélange explosif; elles se lient trop immédiatement à l'objet principal de notre étude pour qu'il nous soit possible de les passer sous silence.

Le SALPÊTRE [1] est livré au gouvernement après ce qu'on appelle la *première cuite,* pratiquée dans les fabriques particulières, et ayant pour effet de le débarrasser de la plus grande partie des sels étrangers entraînés avec lui dans le lessivage des terres ou des plâtres nitrifères; mais il retient encore une certaine quantité de chlorures (environ 10 ou 12 p. 100), surtout de chlorure de sodium ou sel marin. Or, d'après les règlements, il ne doit pas, pour pouvoir être employé dans les poudreries, contenir plus de 3 p. 100 de ce sel. Il faut donc le raffiner, afin de l'amener au degré voulu de pureté. Cette opération se fait exclusivement dans les laboratoires de l'État.

Pour raffiner le salpêtre, on dissout d'abord à chaud le sel brut dans son poids d'eau. La dissolution, clarifiée avec du sang de bœuf et soigneusement écumée, fournit la *seconde*

---

[1] Appelé aussi dans le commerce *nitre* ou *sel de nitre,* et, par les chimistes, *azotate* ou *nitrate de potasse.*

cuite. Lorsque la liqueur est suffisamment claire, on la laisse refroidir en l'agitant, afin d'empêcher la formation des gros cristaux, moins faciles à purifier que les petits à la faveur de l'agitation. Les cristaux se forment tout à coup et confusément; on les laisse alors se rassembler au fond du vase; on décante l'eau mère, et on les lave avec une eau saturée de nitrate de potasse, et ne pouvant plus par conséquent dissoudre que les sels étrangers. C'est aussi une liqueur de même nature qui, après la *seconde cuite,* sert à essayer le salpêtre. On prend quatre cents grammes des cristaux obtenus, préalablement séchés, et on les traite par cinq cents grammes de la dissolution de nitre; on agite la masse pendant quelque temps, puis on la jette dans un grand filtre sans plis. Lorsque toute la liqueur est passée, on en verse de nouveau sur les cristaux une quantité moitié moindre que la première. Le nitrate de potasse bien égoutté est séché au bain de sable à la température d'environ 100º. On le pèse quand il est sec, et la diminution de son poids indique très approximativement la proportion de sels étrangers qu'il contenait encore avant l'essai. Cette proportion est toujours trop forte pour que le nitre puisse être employé à la fabrication de la poudre. On lui fait donc subir une *troisième cuite,* qui l'amène d'ordinaire à un degré de pureté supérieur à celui qui est exigé. Cette *troisième cuite* s'exécute comme la précédente; seulement le lavage des cristaux à l'eau saturée de salpêtre est suivi d'un autre lavage à l'eau de fontaine; cette eau entraîne avec elle la liqueur chargée des dernières traces de sels étrangers. Les cristaux sont ensuite séchés, enfermés dans des barils et livrés aux poudreries. Ici, pour s'assurer que le salpêtre a bien le titre voulu, on l'essaye de nouveau, non plus de la façon que nous venons de décrire, et qui ne serait pas suffisamment exacte, mais au moyen du nitrate d'argent, du carbonate de potasse ou du fer pur. Ces expériences étant du domaine de la chimie analytique, nous nous abstenons de les décrire; elles sont, du reste, purement de précaution, et ne servent qu'à constater surabondamment le résultat déjà certain des opérations pratiquées dans les salpêtreries.

Le SOUFRE est livré au gouvernement dans un état de

pureté parfaite par la raffinerie de Marseille, la seule d'où l'État tire ce produit.

Le CHARBON se prépare dans les poudreries mêmes, soit en fosses, soit en vases clos. Nous allons décrire séparément ces deux procédés.

1º *En fosses.* — Les fosses ont trois mètres de long sur un mètre vingt centimètres de largeur et autant de profondeur; elles sont maçonnées en briques. On y met des fagots pesant 15 kilogrammes. Ces fagots sont supportés par une perche placée horizontalement dans le sens de la longueur de la fosse; on les dispose de manière à laisser un espace libre qu'on remplit d'autres branches. On met le feu au bois, et l'on en ajoute à mesure que la masse s'affaisse, jusqu'à ce que la fosse soit pleine; puis on laisse brûler. Quand la flamme cesse, la carbonisation est complète; on étouffe alors le feu au moyen d'un couvercle en tôle par-dessus lequel on étend une légère couche de terre humide. Il faut laisser passer trois jours avant d'ouvrir les fosses, pour laisser refroidir le charbon, qui, s'il était retiré chaud, se rallumerait au contact de l'air. Il faut aussi, avant de l'emmagasiner, le nettoyer et le trier avec soin pour en séparer les corps étrangers et les *fumerons* (morceaux incomplètement carbonisés) qui s'y trouvent mêlés. On n'obtient guère de charbon propre à la fabrication de la poudre que 10 p. 100 en poids du bois mis en fosse. Depuis quelque temps les fosses briquées, qui se détérioraient trop vite, ont été remplacées en France par des chaudières en fonte, où d'ailleurs la carbonisation se fait exactement de la même manière.

2º *En vases clos ou par distillation.* — On distille le charbon en le chauffant un peu au-dessous de la température rouge dans des cylindres en fonte semblables à ceux qu'on voit dans les usines à gaz d'éclairage. Les matières volatiles s'échappent par un tuyau qui les conduit dans une cheminée. Cette distillation doit être conduite lentement; elle ne dure pas moins d'une journée. C'est par ce procédé qu'on obtient le charbon destiné à la poudre dite *royale*, qui est la première qualité de poudre de chasse. On le nomme charbon *roux;* c'est plutôt du bois torréfié, à proprement parler, que

du charbon ; car il est encore à l'état de *fumeron*, et ne
contient guère que 72 p. 100 de carbone. Il est plus hydro-
géné que le charbon noir, ce qui augmente sa combustibilité
et lui fait produire un plus grand volume de gaz : de là vient
qu'on le préfère pour les poudres fines.

On a imaginé dernièrement, pour la carbonisation du bois
dans les poudreries, un procédé qui est en usage aujour-
d'hui à Welteren, en Belgique. Il consiste à faire circuler
un courant de vapeur d'eau à une haute température à travers des fagots renfermés dans un vaisseau en cuivre. Ce
vaisseau communique tant avec la chaudière qu'avec le
dehors par des tubes munis de robinets au moyen desquels
on peut à volonté faire arriver la vapeur, la contenir ou la
laisser s'échapper. Cette vapeur dégage et entraine la plus
grande partie des éléments volatils du bois.

Les bois dont on fait le charbon noir sont ceux de tremble,
de peuplier, de tilleul et de bourdaine. Ce dernier seul est
employé pour obtenir le charbon roux, et l'on n'en distille
que les branches d'un petit diamètre, dépouillées de leur
écorce.

III

Fabrication de la poudre. — Procédés des pilons, des tonnes, des meules.
— Épreuves des poudres. — Composition et fabrication des amorces fulminantes.

L'État seul, en France et presque partout ailleurs, a le
privilège de la fabrication, de la distribution et du débit
des poudres. Ces poudres sont de trois espèces, savoir :

1° La poudre de mine de commerce extérieur
  (que l'État vend aux carriers et aux mineurs
  pour les besoins de leur état).

	salpêtre	soufre	charbon
Elle contient cent parties	62	20	18

2° La poudre à canon et à mousquet.

	salpêtre	soufre	charbon
Elle contient	75	12,50	12,50

3° La poudre de chasse, contenant . . . .

	salpêtre	soufre	charbon
3° La poudre de chasse, contenant	78	10	12

On voit que le dosage est le même pour la poudre à
canon et la poudre à mousquet. Ces deux sortes de poudres
subissent aussi les mêmes manipulations, et ne diffèrent que
par la grosseur et la forme du grain.

La poudre de chasse comprend trois variétés : poudre *fine*,
superfine et *royale*, identiques aussi quant aux proportions
du mélange, et distinguées seulement par le grenage et par
la qualité du charbon. Il existe trois procédés de fabrication des poudres; ce sont : 1° *le procédé des pilons;* 2° *le
procédé des tonnes;* 3° *le procédé des meules.*

I. Procédé des pilons. — Les trois éléments de la poudre, pulvérisés et pesés séparément, sont mélangés dans des mortiers au moyen de pilons. Les pilons sont formés de pièces en bois de hêtre; leur poids est de vingt kilogrammes. Ils portent à leur extrémité inférieure une garniture en alliage de cuivre et d'étain pesant le même poids; ils battent vingt-cinq coups par minute en tombant d'une hauteur de quarante centimètres. Les mortiers sont creusés dans une pièce de bois de chêne qu'on nomme *pile à mortier*. On y introduit d'abord le charbon, qu'on bat seul pendant vingt minutes; puis on ajoute le soufre préalablement tamisé, et le salpêtre. Ce mélange subit un battage de douze heures interrompu par des *rechanges*. L'opération des *rechanges* a pour but d'empêcher le *culot* compact qui se forme au fond de chaque mortier de s'échauffer sous les chocs répétés du pilon; elle consiste, ainsi que son nom l'indique, à *changer* la matière de mortier. On la répète huit fois d'heure en heure; après la huitième, le battage continue deux heures sans interruption. On conçoit aisément que, malgré les rechanges, la matière ainsi triturée ne manquerait pas de prendre feu si l'on n'avait soin de la mouiller. Aussi les arrosages se succèdent-ils à des intervalles assez rapprochés. Le premier se fait sur le charbon seul; il est de 0 k. 75 ou ¾ de litre pour 1 k. 25 de charbon. Le second a lieu au commencement du battage du mélange; il est de 0 k. 50 ou ½ litre; les deux derniers, de 0 k. 25 chacun, ont lieu après les cinquième et septième rechanges.

Les pilons sont disposés par couples de batteries de huit ou dix chacune, et mis en mouvement par une roue hydraulique.

La matière forme, en sortant des mortiers, une pâte humide qu'on appelle *galette*. Avant de la réduire en grains, on lui fait subir encore deux préparations, savoir : le *guillaumage* et l'*essorage*.

La première consiste à concasser la galette sur un crible en peau nommé *guillaume*, percé de trous ronds d'environ huit millimètres de diamètre. L'ouvrier imprime à ce crible un mouvement de va-et-vient qui fait glisser dessus circulairement un *tourteau* ou disque en bois dur pesant; le

7

tourteau écrase par son poids la matière, la brise contre les parois du crible et la force à passer par petits morceaux à travers les trous.

L'*essorage* n'est autre chose que l'exposition à l'air de la galette ainsi concassée par le guillaumage; il se prolonge plus ou moins, selon que l'atmosphère est plus ou moins humide, et son but est de faire arriver les petites parcelles de galette au degré de siccité convenable pour le grenage.

Le *grenage* ne diffère du guillaumage que parce qu'au lieu de huit millimètres de diamètre les trous du crible en ont un peu moins de deux et demi pour la poudre à canon, et un et demi pour la poudre à fusil. Chaque espèce acquiert ainsi un grain uniforme qui passe, mêlé de *poussier*, dont on le sépare par un troisième tamisage à travers des *perces* plus petites. La poudre est ensuite soumise à la dessiccation, qui se fait, soit en plein air, quand le temps le permet, soit, au cas contraire, dans des séchoirs artificiels. On répand les grains, en couches de deux millimètres d'épaisseur, sur des draps tendus au-dessus de vastes caisses, dans lesquelles on projette de l'air qui s'est élevé à une assez haute température en passant par des tubes enfermés dans des manchons de cuivre où circule incessamment de la vapeur d'eau bouillante. L'air ainsi échauffé s'échappe des caisses à travers la couche de poudre, dont il entraîne avec lui l'humidité. Six heures suffisent à terminer le séchage artificiel, tandis que le séchage à l'air libre demande environ douze heures. Les grains, en séchant, perdent une quantité de poussier qui, s'il y restait mélangé, rendrait la poudre salissante et d'un usage incommode; on l'élimine par l'*époussetage,* et on l'utilise en le faisant rentrer dans d'autres masses de mélange.

L'*époussetage* est la dernière manipulation que la poudre ait à subir; il ne reste plus ensuite qu'à l'éprouver (nous dirons plus loin quelques mots des épreuves), à l'empaqueter et à l'embariller. Les barils contiennent les uns cinquante, les autres cent kilogrammes; ils sont enfermés dans d'autres tonneaux plus grands qu'on appelle *chapes.*

Le procédé des *pilons*, le plus ancien de tous, est encore employé pour la confection des poudres de guerre, les autres ayant paru donner à la poudre une énergie nuisible à la conservation du matériel d'artillerie ; mais pour les poudres de chasse, on préfère celui des *tonnes* ou celui des *meules*. C'est le premier qui est actuellement en vigueur dans les poudreries d'Angoulême et du Bouchet.

II. PROCÉDÉ DES TONNES. — Les *tonnes* sont des cylindres en bois ou en cuivre, doublés intérieurement de cuir, et mobiles sur un axe horizontal ; on y fait tourner avec des gobilles en bronze la matière qu'on veut pulvériser. Ces cylindres sont bosselés exprès, afin de présenter au dedans des convexités propres à retenir les gobilles, qui font ici l'office de pilons. Les tonnes contiennent les unes cent soixante-dix, les autres deux cents kilogrammes de mélange et deux cent cinquante kilogrammes de gobilles ; elles font vingt tours à la minute. La trituration s'y effectue en six à douze heures ; elle serait dangereuse si elle s'opérait tout de suite sur les trois éléments réunis. On partage donc la masse de charbon déjà pulvérisé en deux parties inégales, dont l'une est jointe au soufre de manière à donner un poids de cent soixante-dix kilogrammes, et l'autre au salpêtre, avec lequel elle complète deux cents kilogrammes. Ces deux mélanges bizarres ne sont pas explosibles par le choc ou le frottement ; on les triture, le premier pendant douze, le second pendant six heures ; puis on les réunit dans des tonnes dites *mélangeoirs*, contenant cent kilogrammes de gobilles et un poids égal de mélange, et opérant la trituration en six heures. Ce n'est qu'au sortir de ces tonnes que la *composition* est humectée et foulée, ou, en termes techniques, *marchée* dans des cuves plates, par des hommes chaussés de sabots. Pour transformer en galette la pâte ainsi obtenue, on l'étend sur une toile sans fin qui passe entre deux cylindres animés d'un mouvement de rotation très lent, et faisant éprouver à la pâte une pression de mille à quinze cents kilogrammes. Après cette sorte de laminage, la composition passe au guillaumage et de là à l'essorage, qu'on prolonge seulement une demi-heure, afin d'empêcher que la poudre n'empâte les trous du tamis par lequel on la passe pour la séparer du fin grain.

Le tamisage des poudres de chasse ne s'exécute pas à bras comme celui des poudres de guerre, mais dans des tonnes de soie faisant vingt tours par minute autour d'un axe vertical. A ce tamisage succède le *lissage*, qui consiste à faire tourner et frotter les grains les uns contre les autres dans des cylindres en bois, de manière à user leurs aspérités et à leur donner du brillant et de la dureté. Dans ces cylindres on mêle à la poudre fine une certaine quantité de gros grains mouillés qui lui communiquent d'autant plus de lustre qu'ils sont plus humides. En effet, une partie du salpêtre, dissoute par l'eau dont ils sont imprégnés, forme sur les grains une croûte qui se polit par le frottement, et leur donne l'aspect luisant qu'on aime à leur voir. Le gros grain est séparé du fin par un tamisage après l'opération.

On sèche presque toujours la poudre de chasse à l'air libre, en couches moins épaisses que la poudre de guerre. Ce séchage, quand le temps est favorable, n'exige pas plus de deux heures. Une fois sèche, elle est époussetée, puis livrée à l'administration des contributions indirectes dans des caisses contenant chacune vingt-cinq kilogrammes; la poudre y est distribuée en paquets ou *cartouches* de $\frac{1}{2}$, 1 et 2 hectogrammes. Une partie de la poudre fine est employée par l'armée de terre et de mer; celle-là est répartie en sacs de cinquante kilogrammes.

La poudre *superfine* est faite avec le poussier de la précédente, remis en cours de fabrication et trituré de nouveau pendant six heures dans les mélangeoirs. Les opérations sont, du reste, les mêmes que pour la poudre fine, seulement elles durent plus longtemps, et le grenage a lieu sur une perce plus petite. Les caisses de poudre superfine ne contiennent que des cartouches de cinq cents grammes.

La poudre *royale* ne se fait, comme nous l'avons vu plus haut, qu'avec du charbon de bourdaine obtenu par la distillation. La trituration des mélanges binaires, charbon et soufre d'une part, salpêtre et charbon d'autre part, dure deux fois plus longtemps que pour les autres poudres. De plus, la composition, après avoir été mouillée et passée au laminoir une première fois, est grenée grossièrement, essorée, et remise pendant douze heures dans les mélangeoirs;

puis elle est mouillée et laminée une seconde fois, grenée à une perce de cinq millimètres, essorée encore, tamisée dans des tonnes de soie, lissée pendant vingt-quatre heures, et enfin séchée, égalisée, époussetée. Elle est extrêmement fine, et d'une couleur plutôt brune foncée que noire; elle a aussi beaucoup plus de force que les autres poudres, tant à cause de la ténuité de son grain qu'en raison de la qualité de son charbon. On l'enferme dans des boîtes en fer-blanc de la capacité de deux cent cinquante grammes.

Le charbon qui entre dans la composition de la poudre de mine est du charbon de peuplier, d'aune et de tremble, préparé dans les fosses ou dans les chaudières. Le mélange de ce charbon avec le soufre et le salpêtre se fait, comme pour les poudres de chasse, par le procédé des tonnes; mais la trituration ne dure que quatre heures pour les mélanges binaires, et deux heures environ pour le mélange total. Pour grener la poudre de mine, on verse peu à peu la composition, en ayant soin de l'arroser, dans des tambours en bois contenant déjà des grains de la même poudre, les uns ronds, les autres anguleux. On imprime au tambour un mouvement de rotation, en sorte que, par l'effet du frottement, les grains anguleux usent leurs aspérités et deviennent ronds; les grains ronds se couvrent d'une nouvelle couche de composition, et acquièrent le volume qu'ils doivent avoir. On passe les grains ainsi obtenus à une perce de quatre millimètres; on en sépare de la sorte et ceux qui, étant trop fins, doivent rentrer dans la fabrication, et ceux qui, résultant du guillaumage et de la couche détachée des parois du tambour, ont conservé une forme anguleuse qu'ils doivent perdre dans un grenage ultérieur. Quant aux grains ayant le volume et la sphéricité convenables, on les lisse dans des tonneaux tournant horizontalement. La poudre de mine se sèche artificiellement sur les caisses à air chaud.

III. Procédé des meules. — Ce procédé est particulièrement employé à la poudrerie du Bouchet, pour la fabrication des poudres de chasse; ses produits sont estimés à l'égal des meilleures poudres anglaises. Il est vrai que leur dosage n'est pas tout à fait le même que celui des mélanges ordinaires. Ainsi la poudre de chasse du Bouchet contient, sur 104 parties :

Salpêtre, 80 p. — Charbon, 14. — Soufre, 10.

Voici en quoi consiste le procédé des meules :

1º *Pour la poudre fine*, la trituration du soufre et du charbon s'exécute dans des tonnes en bois ou en fer contenant cent vingt kilogrammes de gobilles en bronze. On y introduit d'abord le charbon par charges de vingt et un kilogrammes ; au bout de huit à dix heures, on ajoute dans chaque tonne quinze kilogrammes de soufre, qu'on triture avec le charbon pendant quatre heures. Six kilogrammes de ce mélange sont enfermés, avec vingt kilogrammes de salpêtre et soixante kilogrammes de gobilles, dans une tonne en cuir faisant de vingt à vingt-cinq tours par minute. Après douze heures de trituration, on retire le mélange de la tonne, on l'humecte de 2 p. 100 de son poids d'eau, et on le place par charges de cinquante kilogrammes dans un bassin en bois où il est soumis à l'action de meules en fonte munies d'un anneau en bronze et pesant deux mille cinq cents kilogrammes, ce qui n'empêche pas qu'on les appelle *meules légères*, par comparaison avec les *meules pesantes* employées pour la poudre royale. On les fait tourner pendant deux heures en ralentissant leur marche à la fin de l'opération. Les galettes ainsi obtenues sont disposées dans des tamis montés par huit sur un même châssis en bois, et mus par une machine qui graine environ trente kilogrammes de galette par heure. On lisse les grains dans des tonnes en bois divisées en trois ou quatre compartiments par des cloisons perpendiculaires à l'axe. Chacune de ces tonnes contient de cent à cent cinquante kilogrammes de poudre ; les grains s'y lissent par un frottement de vingt-quatre heures sur les parois et sur eux-mêmes. On les sèche indifféremment soit à l'air libre, soit au séchoir artificiel.

2º *Pour la poudre superfine*, le mode de trituration est le même que pour la précédente. La composition subit un premier broyage suivi d'un premier grenage au grenoir à poudre de guerre. On recueille ensemble la poudre et le poussier résultant de ces deux opérations ; on les triture de nouveau dans des tonnes en cuir pendant quatre heures; au sortir de ces tonnes, on arrose la composition et on la remet sous les meules. Elle subit après cela un deuxième grenage dans un grenoir à poudre de chasse. Les grains et le poussier sont encore mouillés, triturés et passés au laminoir; cette fois la galette est définitivement convertie en une poudre d'un grain très fin, qu'on lisse pendant quarante-huit heures, et qu'on époussette par les procédés ordinaires.

3° *Pour la poudre royale,* on peut opérer à peu près comme pour la précédente; seulement il importe de choisir soigneusement le charbon le plus roux, et de triturer le mélange binaire de soufre et de charbon pendant dix-huit heures, et le mélange ternaire, la première fois pendant douze à quinze, la seconde pendant quatre à six heures. Mais c'est à l'aide des *meules pesantes* qu'on obtient la meilleure qualité de poudre royale. Le poids de ces meules est de cinq à six mille kilogrammes. Elles sont en fonte comme les *meules légères,* et sont disposées par couples sur des bassins également en fonte; le mélange destiné à ce mode de préparation est de :

Salpêtre, 16 k. — Soufre, 2 k. — Charbon, 2 k. 80 d.

On pulvérise le soufre pendant une heure, et le charbon pendant une heure et demie; on tamise séparément ces deux corps, puis on les mélange ensemble avec le salpêtre en ajoutant un litre d'eau. C'est en cet état que la composition est placée sous les meules, qui la broient pendant trois à cinq heures à raison de dix tours par minute. On arrose sans cesse pendant cette trituration, au moyen d'un arrosoir mécanique qui ne laisse tomber l'eau qu'en pluie très fine. Lorsque le broyage dure cinq heures, il faut le ralentir vers la fin. Les galettes sortant de cet appareil sont plus compactes et plus homogènes que celles qui sortent du laminoir. On les divise en grains encore plus ténus que ceux de la poudre superfine; leur lissage n'est quelquefois terminé qu'après soixante heures de rotation dans des tonnes à compartiments.

Les *pilons,* les *tonnes,* les *meules :* tels sont donc les trois procédés actuellement en usage. En 1793, on en avait imaginé un autre connu sous le nom de *procédé révolutionnaire*, en vue de subvenir, par une fabrication expéditive, aux besoins créés par les guerres d'alors. On pulvérisait dans les tonneaux, avec des billes en bronze, le nitre d'une part, le soufre et le charbon de l'autre, et on mélangeait les trois substances dans d'autres tonneaux avec des billes d'étain ; la composition était ensuite étendue sur des toiles mouillées, superposées les unes aux autres et placées sous un pressoir qui servait à former les galettes. Les autres manipulations se faisaient par les méthodes ordinaires.

Avant d'être livrées soit aux *places approvisionnées*, soit au commerce, les poudres sont soumises à un examen portant sur les conditions physiques d'où dépend en grande partie leur qualité, et que nous avons énumérées plus haut; elles sont soumises en outre à des épreuves ayant pour but de constater leur puissance balistique. On fait une épreuve sur chaque lot de cinq mille kilogrammes. Les instruments employés sont,

Pour les poudres de guerre :

1º *Le pendule balistique.* Cet appareil consiste en un cône creux appelé *récepteur,* fixé à un axe horizontal mobile sur des coussinets. Le fond du récepteur est garni d'une masse de plomb; on tire dans cette masse, avec un fusil dont la charge est de dix grammes, une balle en plomb de cent soixante-trois millimètres de diamètre, qui, venant à s'y enfoncer et à s'y aplatir, imprime au système un mouvement d'oscillation plus ou moins intense suivant que la poudre est plus ou moins forte. Un cercle gradué indique l'amplitude des oscillations, et une formule mathématique donne la vitesse initiale de la balle, vitesse qui doit être au moins de quatre cent cinquante mètres par seconde.

2º *Le mortier-éprouvette.* C'est un mortier incliné à 45º. qu'on charge avec quatre-vingt-douze grammes de poudre et un projectile en bronze qui, pour que la poudre soit acceptée, doit être lancé à une distance d'au moins deux cent vingt-cinq mètres.

On ouvre, pour faire ces épreuves, un dixième des barils de cent kilogrammes, et un vingtième de ceux de cinquante

Préparation du fulminate de mercure.

kilogrammes, et l'on prend sur chaque baril ouvert la quantité nécessaire aux expériences : les quantités enlevées sont immédiatement remplacées. Le nombre des coups à tirer pour chaque épreuve est fixé à dix du *pendule balistique,* appelé aussi *fusil-pendule,* et à un seulement du *mortier-éprouvette,* par cent kilogrammes de poudre. On prend la moyenne des résultats constatés.

Pour les poudres de chasse, les instruments d'expérimentation sont :

1º Comme pour les poudres de guerre, le *pendule balistique ;* mais la charge du fusil est de cinq grammes seulement, et doit produire les vitesses initiales de :

> 330 m. par seconde pour la poudre fine,
> 350 m.   —   —   superfine,
> et 375 m.   —   —   royale.

2º *L'éprouvette à ressort de Régnier.* Elle se compose de deux branches entre lesquelles se trouve un arc gradué sur lequel on mesure, au moyen d'un *curseur* glissant à frottement sur un autre arc métallique, l'effet produit par l'explosion de un gramme de poudre dans un petit réservoir adapté à l'extrémité d'une des deux branches et fermé par le talon d'un troisième arc métallique porté par l'autre branche. L'explosion, en ouvrant ce réservoir, force les deux branches à se rapprocher d'un certain nombre de degrés, nombre qu'indique le curseur.

> La poudre fine doit marquer 12º,
> — superfine 14º,
> — royale 16º,5.

Ces épreuves se renouvellent tous les mois sur les poudres livrées au commerce. D'autres expériences ont lieu deux fois par an sur les poudres fabriquées pendant le semestre. Elles ont pour but de faire connaître : 1º la dureté et la densité des grains ; 2º l'hygrométricité de la poudre, c'est-à-dire son degré de tendance à absorber l'humidité.

1º *Expériences relatives à la dureté des grains.* Pour connaître la quantité de poussier que les grains peuvent perdre dans les transports, on enferme la poudre dans de doubles barils auxquels on fait parcourir, en les laissant rouler sur un plan incliné, un espace de cent mètres. On la retire ensuite, on la tamise, on la pèse, et la diminution de son poids indique la quantité de poussier qui s'en est séparée. Pour trouver la densité de la poudre, on résout une proportion dans les termes connus sous le poids P d'un certain volume d'eau distillée, le poids P' d'un volume égal d'eau saturée de salpêtre, et le poids p' du volume d'eau saturée que déplace une quantité déterminée de poudre p.

On arrive ainsi à connaître le poids d'eau distillée qui occupe le même espace que la poudre à essayer, et par suite la densité de cette poudre exprimée par $\frac{p}{x}$.

2° *Expériences relatives à l'hygrométricité des poudres.* Ces expériences ont lieu dans les poudrières : on étend sur des plateaux, en couches de deux millimètres d'épaisseur, des échantillons de chaque espèce de poudre. Les plateaux sont posés dans des baquets sur des piles de briques qui les soutiennent à vingt-sept millimètres au-dessus du niveau de l'eau que contiennent les baquets; ceux-ci, hermétiquement bouchés par des couvercles en bois de chêne bordés de peaux, sont enfermés dans un lieu humide où l'air ne circule pas. De vingt-quatre en vingt-quatre heures, on retire les échantillons, on les pèse, et l'on prend note exacte, à chaque pesée, de l'augmentation de leur poids, du mode et du degré de détérioration du grain. Cette expérience se prolonge jusqu'à ce que la poudre soit complètement tombée en *deliquium*.

COMPOSITION ET FABRICATION DES AMORCES FULMINANTES.— On a d'abord composé les amorces fulminantes avec du chlorate de potasse, du soufre et du charbon; mais ce mélange a l'inconvénient de crasser et de détériorer les armes; on lui préfère généralement aujourd'hui celui qui a pour base le *fulminate de mercure.* Ce sel est le produit principal de l'action de l'alcool sur le nitrate de mercure. Sa formule est $(HgO)^2 CyO$. On le prépare en faisant dissoudre une partie de mercure dans douze parties d'acide nitrique à 40°, et en ajoutant peu à peu onze parties d'alcool. L'opération se fait à chaud, mais doit être conduite avec prudence, pour éviter que l'ébullition ne soit trop vive. Au bout d'un certain temps, la liqueur se trouble et dégage d'abondantes vapeurs blanches. Il faut alors la retirer du feu. Le fulminate de mercure se dépose par le refroidissement en petits cristaux d'un blanc jaunâtre ; ce sont ces cristaux qu'on emploie à la confection des amorces. Voici comment on s'y prend :

On lave avec soin le sel, on le broie pendant qu'il est encore très mouillé, on le tamise, et on le laisse égoutter. Lorsqu'il ne contient plus qu'environ 20 p. 100 de son poids d'eau, on le mêle et on le broie, avec quatre dixièmes de son poids de nitre ou de pulvérin, sur une table de marbre, au moyen d'une molette en bois de gaïac. L'addition du salpêtre ou du pulvérin a pour but de diminuer le danger du grenage et du séchage, de rendre la combustion de l'amorce moins rapide et sa flamme plus longue, et d'atténuer la violence du choc, qui sans cela briserait les cheminées des fusils.

On forme de cette poudre une pâte avec de l'eau gommée, on la grène et on l'introduit dans des capsules de laiton. La quantité, pour une capsule à « fusil de munition », était de quarante milligrammes ; elle est de vingt milligrammes seulement pour les fusils de chasse. Les premières capsules étaient recouvertes intérieurement d'un vernis de gomme laque dissoute dans l'alcool ; ce vernis est destiné à préserver de l'humidité le mélange fulminant.

Le fulminate de mercure est un des corps les plus détonants que l'on connaisse : il fait violemment explosion quand on le frotte même légèrement contre un corps dur ; aussi ne le touche-t-on, dans les capsuleries et dans les laboratoires, qu'avec des cartes ou des baguettes en bois.

TROISIÈME PARTIE

TENTATIVES DE RÉFORME

ET DERNIÈRES DÉCOUVERTES

DANS LA PYROTECHNIE MODERNE

I.

La poudre au chlorate de potasse. — Catastrophe d'Essonne. — Abandon
définitif du chlorate de potasse.

En 1787, un chimiste illustre, Berthollet[1], en étudiant les
combinaisons du chlore (appelé de son temps *acide muriatique
oxygéné*) avec les oxydes alcalins, observa que le chlorate de
potasse possède les mêmes propriétés que le nitrate de la
même base, mais à un bien plus haut degré. En mélangeant
ce sel avec du soufre, du charbon et du phosphore, il obtint
une composition que le choc d'un marteau sur une enclume
suffisait pour faire détoner, et qui, broyée rapidement dans
un mortier, produisait des jets de flamme pourpre accompagnés de claquements semblables à ceux d'un fouet. Il en
conclut qu'une poudre où l'on ferait entrer, à la place du

[1] Claude-Louis Berthollet, né au bourg de Talloire, à huit kilomètres d'An-
necy, le 9 novembre 1748, mort à Arcueil le 6 novembre 1822. On lui doit aussi
la découverte du fulminate d'argent, le corps le plus détonant qu'on connaisse.

salpêtre, un agent de combustion aussi actif, aurait une puissance balistique bien plus considérable. Il exécuta aussitôt dans son laboratoire les expériences propres à vérifier cette hypothèse, et elles furent de nature à la confirmer en tous points ; il trouva que la poudre au chlorate de potasse avait une force trois fois plus grande que la poudre ordinaire, et que sa préparation n'offrait d'ailleurs ni plus de dangers ni plus de difficultés. Le gouvernement, instruit de ces résultats, non seulement permit à Berthollet de faire de nouveaux essais, mais encore mit à sa disposition la poudrerie d'Essonne. M. Letort, directeur de cet établissement, était plein d'enthousiasme pour le nouveau procédé, dont le succès n'était pas, à ses yeux, l'objet du doute le plus léger.

On se mit à l'œuvre sans retard. Le jour où commençait la fabrication, Berthollet dînait à la poudrerie. M. Letort l'avait invité à assister aux opérations comme s'il se fût agi d'une fête. On dîna gaiement, puis après le dîner on descendit dans les ateliers. La trituration était en train, et marchait à souhait ; elle s'opérait, comme d'ordinaire, dans les mortiers en bois, et le mélange était humecté.

« Je suis convaincu, dit M. Letort, que cette précaution est inutile, et qu'on pourrait, sans aucun danger, triturer à sec. Tenez, voyez plutôt. »

En parlant ainsi, il s'était mis à écraser avec la pomme de sa canne une petite portion de mélange desséchée sur le bord d'un mortier. Deux secondes après, une effroyable explosion renversait le bâtiment. M. Letort, sa fille et quatre ouvriers périrent écrasés sous les décombres. Le chimiste échappa au désastre comme par miracle.

La leçon était terrible : elle aurait dû guérir à jamais de l'envie de recourir à un si dangereux auxiliaire. Il n'en fut rien : quatre ans après, le ministre de la guerre, ne pouvant se résigner à renoncer aux avantages que la poudre au chlorate de potasse lui semblait devoir donner aux armées de la république sur celles de la coalition, autorisa de nouveaux essais. Il recommanda, à la vérité, de les faire avec toutes les précautions imaginables ; mais les précautions furent vaines : une nouvelle explosion et la mort de trois hommes vinrent démontrer une fois de plus l'impossibilité de substi-

tuer purement et simplement le chlorate de potasse au salpêtre dans la fabrication de la poudre, et l'on renonça dès
lors, en France, à utiliser ce corps comme agent balistique.

Mais, vers le milieu de ce siècle, quelques chimistes allemands ont réussi à faire entrer le chlorate de potasse dans
certaines préparations qui ne présentent plus les dangers de
celle où ce sel était trituré avec le soufre et le charbon. L'une
de ces préparations consiste dans un mélange de chlorate et
de prussiate de potasse et de sucre. Dans une autre, le chlorate de potasse est associé au tanin. Les poudres ainsi obtenues sont des poudres brisantes, bonnes pour faire sauter les
fourneaux des mines, mais dont on ne pourrait faire usage
dans les fusils de munition et les bouches à feu. On peut
tout au plus s'en servir dans les armes de chasse dont le
canon, fabriqué avec un soin particulier, est assez résistant
pour tenir bon contre le brusque effort de la nouvelle poudre.
C'est aussi à l'intention des chasseurs que l'Allemand Hosch-
tadter, fabricant de produits chimiques, a préparé du papier
explosif, enduit d'une pâte de charbon en poudre et de chlorate de potasse, additionnée d'une faible proportion de
gomme et de sulfure d'antimoine. Des papiers analogues ont
été aussi préparés en Angleterre. Enfin, en plongeant le tan
(résidu d'écorces ayant servi au tannage des peaux) dans
une solution concentrée de chlorate de potasse, et roulant
ensuite les fragments d'écorce dans du soufre en poudre,
on obtient une matière qui, à l'air libre, brûle sans explosion, mais qui, enfermée dans un trou de mine, donne lieu
à un dégagement de gaz suffisant pour faire éclater les
roches.

Nous avons vu précédemment que, pour la fabrication des
amorces fulminantes, le chlorate de potasse a été abandonné,
et qu'on lui préfère le fulminate de mercure. En somme, le
principal emploi du chlorate de potasse consiste maintenant
dans la préparation des allumettes chimiques.

II

Les fusées de guerre. — Leur ancienneté. — Essais les plus remarquables dont elles ont été l'objet. — Fusées à la Congreve. — Leur valeur réelle.

Tout le monde a entendu parler des *fusées à la Congreve*. Ces projectiles incendiaires furent produits en Europe pendant les guerres de l'empire; ils tombèrent, après le rétablissement de la paix, dans un oubli qui dura plus d'un quart de siècle, et ne cessa qu'au moment où, vers 1840 et 1841, les démêlés entre la France et l'Angleterre semblèrent sur le point d'amener une nouvelle collision. A cette époque, bien que l'inventeur, ou plutôt le parrain desdites fusées, eût cessé de vivre depuis douze ans, elles reparurent tout à coup, non pas, heureusement, sur les champs de bataille, on ne se battit point, mais sur le champ des discussions politiques et scientifiques. Il se fit une grande rumeur dans le public; les chambres s'émurent, les philanthropes de la presse quotidienne jetèrent tous les feux de leur éloquence contre ce feu de guerre, digne invention, disaient-ils, de nos perfides voisins. Dans les salons, dans la rue, dans les lieux publics, on ne parlait plus que des fusées à la Congreve; mais personne ne savait au juste ce que c'était. C'était, disait-on, un moyen de destruction nouveau, terrible, impossible à combattre,

Capable de peupler en un jour l'Achéron...

Sa composition était inconnue, mais ses effets étaient diabo-
liques. Puis venaient les commentaires et les suppositions ;
beaucoup voyaient dans les fusées à la Congreve une réédi-
tion du feu grégeois. Ceux-ci n'étaient pas les plus éloignés
de la vérité. Peu à peu la panique s'évanouit à mesure que
s'éteignaient les bruits de guerre ; on osa alors examiner de
plus près le *croque-mitaine* dont on avait eu si grand'peur.
Les anciens militaires interrogèrent leurs souvenirs, les
savants consultèrent les livres, et l'on ne tarda pas à acqué-
rir la conviction que ces fusées n'étaient ni aussi nouvelles
ni aussi formidables qu'on se les était d'abord figurées, et
l'on se vengea par des plaisanteries de l'importance exa-
gérée qu'on leur avait d'abord attribuée. « Bah ! disait un
antiquaire, c'est une invention *renouvelée des Grecs*. —
N'importe ! répondait un journaliste, cela fait du bruit
et de l'éclat... »

Au demeurant, les fusées à la Congreve sont purement et
simplement des fusées de guerre. Or, pour former une fusée
de guerre, il suffit d'ajouter une grenade, un obus ou des
matières incendiaires à l'extrémité d'une fusée volante de
grande dimension. La matière de l'enveloppe est peu importante : on peut la faire en carton, en bois ou en métal ; la
manière de s'en servir n'est aussi qu'une affaire de détail.
Le procédé, au fond, reste le même : il consiste à lancer
des projectiles détonnants ou incendiaires avec des fusées
au lieu de les lancer avec des bouches à feu. Ce que nous
savons déjà de l'histoire de la poudre à canon suffirait, à la
rigueur, pour nous édifier sur l'ancienneté des fusées et de
leur emploi dans la guerre ainsi que dans les fêtes. Toutefois il ne sera pas sans intérêt de jeter un rapide coup d'œil
sur ce qui concerne spécialement cette sorte d'engins ; nous
verrons que le général Congreve et ses continuateurs n'ont
fait que renouveler, avec quelques perfectionnements peut-
être, une invention au moins aussi ancienne que celle de la
poudre, et des tentatives dont les annales de la chimie et
de l'art militaire nous offrent plusieurs exemples suivis d'un
médiocre succès.

Nous avons parlé des *madfaa*, des *lances à feu*, etc., dont
se servaient les Arabes au temps des croisades, des siphons

à main et des tubes de diverses formes qui furent en usage chez les Grecs du Bas-Empire dès le VIIe siècle ; enfin nous avons dit que les mélanges combustibles et même fulminants étaient connus des Orientaux depuis un temps immémorial. Nous n'avancerons rien d'étrange en ajoutant que, selon toute probabilité, les fusées, c'est-à-dire les appareils d'une construction facile, portant en eux-mêmes la cause de leur mouvement, très propres à frapper vivement les regards et l'imagination, en même temps que capables de porter rapidement la flamme à une grande distance ; les fusées, disons-nous, durent précéder de beaucoup dans la pyrotechnie les armes compliquées et coûteuses adoptées définitivement depuis quatre siècles seulement.

Le juif Benjamin de Tudèle, qui visita la Perse vers 1173, y vit une grande quantité de ces artifices nommés *soleils,* qui ne sont autre chose que des fusées tournantes ; il ne parle point de canons ni de mousquets, et lorsque les Portugais abordèrent pour la première fois à Mélinde en 1498, les Indiens ne cessèrent toute la nuit de tirer des fusées volantes en signe de réjouissance. De même, en Europe, aussitôt que la poudre est connue, on en combine l'emploi avec celui des substances inflammables pour porter au loin l'incendie.

En 1378, les Vénitiens se servirent de fusées volantes pour détruire la tour *delle Bebe,* qui faisait partie des ouvrages avancés de Chiozza ; et les Padouans, l'année suivante, incendièrent par le même moyen la ville de Mestre.

En 1449, Dunois fit jeter des fusées dans la place de Pont-Audemer, et tandis que les assiégés s'efforçaient d'éteindre l'incendie, les Français escaladèrent les remparts.

Vanoccio Biringuccio, dans sa *Pyrotechnie,* ouvrage traduit de l'italien par Jacques Vincent et imprimé à Paris en 1572, donne le moyen suivant *de faire langues à feu pour guetter où il vous plaira, attachées à la pointe des lances.* Pour la défense d'une forteresse, dit-il, ou pour dresser une escarmouche de nuit ou pour assaillir un camp, c'est chose utile d'attacher à la pointe des lances des gens de cheval et sur la cime des piques des gens de pied certains *canons de papier posés dans autres de bois* longs de demi-brasse, lesquelles vous remplirez de grosse poudre avec *laquelle vous meslerez pièces de feux grégeois, de soufre*, grains de sel commun, lance de fer, voire brisée, et arsenic cristallin, et le tout pousserez dedans à force, et, après avoir mis quelque chose au-devant, tournerez l'issue du feu contre vos ennemis..., et peut cette façon de langue grandement servir à ceux qui veulent faire profession des armes sur la mer. »

Les fusées volantes et meurtrières sont également décrites avec détails dans un manuscrit intitulé *Petit Traité contenant plusieurs artifices de feu*, et qui passait pour fort ancien en 1561. Louis Colado, ingénieur militaire au service de l'empereur Charles-Quint, nous apprend, dans son *Manuel d'artillerie*, qu'en 1586 on se servait de fusées pour éclairer les environs des places assiégées, et pour mettre en déroute la cavalerie; il veut qu'on ajoute à ces fusées des pétards pour les rendre plus dangereuses, et qu'on les lance à l'aide d'un long tube pour augmenter leur portée. En 1630, l'auteur anonyme des *Récréations mathématiques composées de plusieurs problèmes plaisants et facétieux*, donnait la description d'un mécanisme propre à diriger les fusées pour brûler les navires, les maisons, etc. Ce mécanisme consistait en une table à bascule, qu'on fixait au degré convenable d'inclinaison en visant le but qu'on voulait atteindre. Vers la même époque, Anzelet recommandait, dans son *Recueil de plusieurs machines militaires et feux artificiels*, etc., d'employer contre la cavalerie des fusées armées d'un pétard ou d'une grenade, et l'ingénieur allemand Furtembach[1] décrivait dans son traité d'artillerie, intitulé *Halinitro-Pyrobolia*, des espèces de boucliers surmontés d'un tube qui servait à lancer des grenades à main et des fusées. D'après le même Furtembach, les Barbaresques et les musulmans faisaient grand usage de ces armes dans les combats de mer.

Voilà déjà le général Congreve devancé de bien loin dans son idée. Si l'on en croit des récits qui ne manquent pas de

---

[1] Né en 1591 à Leutkirch, en Souabe, mort à Ulm en 1667.

vraisemblance, il fut en outre surpassé beaucoup par des devanciers plus modernes.

En 1755, l'usage des fusées, toujours très suivi en Orient, était, en Europe, abandonné presque entièrement depuis un siècle, si ce n'est pour les feux de réjouissance et pour les signaux, lorsqu'un nommé Dupré, de Grenoble, qui exerçait à Paris la profession d'orfèvre et cherchait à imiter le diamant, trouva, dit-on, par hasard et fort innocemment, un liquide inflammable détonant d'une puissance extraordinaire. Dupré fit informer de sa découverte le roi Louis XV, qui, après avoir assisté à des essais faits en petit dans le parc de Versailles et à l'arsenal de Paris, envoya l'inventeur dans quelques ports de mer, pour y opérer en grand contre les vaisseaux anglais qui croisaient le long de nos côtes (nous étions alors en guerre avec nos voisins d'outre-Manche). Le liquide fulminant produisit des effets tels, que les artilleurs et les marins français eux-mêmes en furent épouvantés, et que, sur les rapports qu'il en reçut, Louis XV déclara ne vouloir pas faire usage d'un agent aussi destructeur, et défendit expressément d'en publier la composition. Dupré reçut, moins sans doute comme récompense de sa découverte que comme encouragement au silence, le cordon de l'ordre de Saint-Michel et une pension considérable. Son secret mourut avec lui.

Quinze ans plus tard, sous le ministère du chancelier Maupeou et du duc d'Aiguillon, l'artificier Torré retrouva, si l'on en croit M. Coste, le prétendu secret du feu grégeois. M. Coste rédigea lui-même, au nom de cet artiste, un mémoire où celui-ci promettait de lancer à huit cents mètres, au moyen d'un *canon en bois* très léger et facile à manœuvrer, sept flèches à la fois, lesquelles s'enflammeraient en tombant, et mettraient le feu autour d'elles. Il paraît qu'aucune suite ne fut donnée à cette proposition, car l'artificier Torré et son feu grégeois sont demeurés dans l'oubli. Cependant tout n'est pas invraisemblable dans le récit de M. Coste. En effet, les flèches pouvaient bien être une espèce d'*allumettes chimiques* de grande dimension; pour ce qui est du canon en bois et de sa portée de huit cents mètres, nous nous permettrons, jusqu'à meilleur avis, de ne lui pas accorder une créance absolue ; mais, réduite à ses proportions les plus acceptables, l'invention de Torré n'est pas sans intérêt, et vaut au moins, ce nous semble, les fusées à la Congreve, sur lesquelles elle a, en tout cas, ainsi que celles précédemment citées, l'avantage d'une priorité incontestable.

Mais voici des faits significatifs et sur l'authenticité desquels on ne peut élever le moindre doute : le roi Tippoo-Saëb, assiégé par les Anglais dans Seringapatam en 1798, leur avait causé des pertes énormes en lançant contre eux des fusées en fer armées de baguettes de bambou, et pesant de cinq cents grammes à quatre kilogrammes. Aussitôt que cette circonstance fut connue en France, l'artificier Ruggieri se mit à fabriquer des produits de ce genre, dont il livra notamment une grande quantité à un armateur de Bordeaux.

Vers le même temps, le mécanicien Chevalier était parvenu à fabriquer des fusées incendiaires d'une puissance terrible, et dont l'eau même, assure-t-on, ne pouvait arrêter les effets. Le Directoire ordonna des expériences, qui eurent lieu à Vincennes, à Meudon, puis à Brest, et donnèrent des résultats satisfaisants. Chevalier s'occupait de perfectionner son procédé, lorsque le gouvernement consulaire, ayant remplacé le Directoire, crut devoir prendre des mesures sévères contre les individus qui, pendant la révolution, s'étaient fait remarquer par leur exaltation républicaine : Chevalier était de ce nombre. Soupçonné de donner à ses compositions incendiaires une destination criminelle, il fut arrêté et incarcéré. On ne trouva cependant contre lui aucune charge sérieuse, et il allait être élargi, quand éclata la conspiration de la rue Saint-Nicaise contre la vie du premier consul. Chevalier fut accusé de complicité dans cet attentat, traduit devant un conseil de guerre, condamné et exécuté dans les vingt-quatre heures sans avoir pu confier à personne le secret de sa découverte.

Ruggieri, de son côté, essaya vainement de faire adopter ses fusées pour l'usage des armées régulières de terre et de mer, bien qu'il fût appuyé dans sa demande par les généraux Éblé, Lariboisière et Marescot.

En 1805, le général anglais sir William Congreve[1] fut plus heureux auprès de son gouvernement. Les premières fusées qu'il fit exécuter pour le service des troupes britanniques étaient garnies seulement de matières incendiaires, circonstance qui contribua, non sans raison, à les frapper de discrédit. En effet, elles étaient ainsi peu dangereuses, et également faciles à éviter et à éteindre.

En 1806, lorsque les Anglais en firent le premier essai devant Boulogne, elles causèrent un médiocre dégât et devinrent l'objet des plaisanteries de nos marins et de nos soldats. Elles reparurent néanmoins l'année suivante au siège de Copenhague; et le général Congreve parvint, en dirigeant lui-même leur emploi, à incendier une grande partie de la ville. Il fut envoyé en 1809 dans la rade *des Basques,* avec un approvisionnement considérable de ces projectiles, dont on distribua douze cents sur différentes parties du gréement des brûlots; puis il rejoignit l'expédition de Walcheren avec un approvisionnement semblable. Plus tard, un corps de *fuséens* fut formé à Woolwich sous le commandement du capitaine Bague; ce corps fut le seul détachement anglais qui prit part à la journée de Leipsick; le capitaine Bague y fut tué. On fit peu d'usage des fusées en Espagne; mais elles contribuèrent puissamment à protéger le passage de l'Adour par une brigade de la garde. Les fusées furent encore employées avec des succès divers aux sièges de Dantzig, Flessingue, Plattsburg, Norfolk, Lewiston, Stonington; il y eut aussi des fuséens anglais à Waterloo.

Le général Congreve introduisit cette espèce d'armes dans la compagnie des Indes, et il établit en 1817 un atelier de fabrication dont les produits étaient spécialement affectés à l'usage de cette société.

Les fusées à la Congreve ont eu, cela devait être, des partisans et des détracteurs, et ni les uns ni les autres n'ont su rester impartiaux et se tenir en garde contre l'exagération. Les hommes compétents qui ont jugé de sang-froid ce procédé lui accordent en général peu d'importance; sans

---

[1] Né le 20 mai 1772 dans le Staffordshire, mort à Toulouse en 1828.

doute on ne doit point méconnaître les services qu'il peut rendre dans les sièges et dans les combats maritimes ; mais il s'en faut qu'il soit propre aux opérations de campagne, et destiné, comme le prétendait son promoteur, à remplacer un jour totalement les fusils et les canons.

Depuis le rétablissement de la paix, les divers gouvernements de l'Europe ont fait faire, chacun en son particulier, des recherches tendant à perfectionner et à rendre plus terribles les fusées de guerre ; mais ces travaux sont tenus secrets, et ce qui en a pu transpirer çà et là ne saurait nous fournir matière à dissertation. Ce que nous croyons pouvoir affirmer, c'est que, dans l'état actuel de l'art pyrotechnique, les fusées, et en général les projectiles incendiaires, ne constituent ni une invention nouvelle ni même un perfectionnement notable ; qu'ils sont à peu près aujourd'hui ce qu'ils étaient au début, et que leur rôle n'est encore que secondaire.

III

Le pyroxyle[2]. — Expérience de MM. Braconnot, Pelouze et Schönbein. — Effet produit par l'apparition du pyroxyle. — Sa préparation, ses propriétés, ses avantages et ses inconvénients. — Le pyroxam. — La poudre prussienne. — Applications diverses du pyroxyle.

En 1832, un chimiste de Nancy, M. Braconnot, s'avisa de traiter l'amidon par l'acide azotique concentré; il obtint ainsi une dissolution qui, étendue d'eau, laissait précipiter une poudre blanche non encore observée jusqu'alors. Cette poudre, que M. Braconnot appela *xyloïdine*[2], présentait, entre autres caractères, celui très saillant d'une extrême combustibilité. Six ans après, J. Pelouze reprit l'étude de ce corps, l'analysa, en détermina la formule, et ayant répété sur les matières ligneuses telles que tissus de coton, de lin et de chanvre, le papier, la sciure de bois, etc., l'expérience faite par M. Braconnot sur l'amidon seulement, il reconnut que ces substances, plongées pendant quelques minutes dans l'acide azotique, puis lavées à l'eau commune, acquéraient la propriété de s'enflammer avec la plus grande facilité et de brûler avec énergie. Pelouze eut alors l'idée que la xyloïdine obtenue au moyen du papier ou du linge « serait susceptible de quelques applications, *particulièrement dans l'artillerie*», et il en confia un échantillon à M. Haquin, officier de cette arme, en le priant d'examiner si l'on en pourrait

[1] De πῦρ, feu, et ξύλον, bois, ou, en terme de chimie et de botanique, *ligneux*.
[2] ξύλον, bois, et εἶδος, aspect, apparence.

tirer parti. Mais M. Haquin mourut avant d'avoir rien tenté; Pelouze fut détourné de cette préoccupation, et le silence se fit une seconde fois sur cette découverte, dont tout l'honneur revient de droit à MM. Pelouze et Braconnot, celui-ci ayant indiqué la voie, celui-là l'ayant ouverte et frayée, et ayant clairement montré le but.

On n'y songeait plus lorsque, le 5 octobre 1846, l'Académie des sciences reçut communication d'un mémoire dans lequel M. Schônbein, chimiste bâlois, s'annonçait comme ayant trouvé le moyen de convertir le coton en une substance douée d'une propriété explosible supérieure à celle de la poudre. Schônbein décrivait minutieusement tous les caractères de cette substance, qu'il appelait *poudre-coton;* seulement il se gardait de dire comment il l'avait obtenue, et déclarait vouloir se réserver le secret de sa préparation; mais il en avait dit assez pour que son secret ne fût pas difficile à deviner. A peine eut-on entendu la lecture de son rapport, qu'on se souvint de la xyloïdine de Braconnot, et que Pelouze, rappelant ses travaux sur cette substance et les idées qu'il en avait conçues, annonça qu'il ferait, quand on le voudrait, de la *poudre-coton* aussi bien que Schônbein. En effet, sans plus de mystère, il décrivit en quelques mots le procédé fort simple au moyen duquel on peut la préparer. Dès le lendemain, tous les chimistes de Paris faisaient de la poudre-coton, et huit jours ne s'étaient pas écoulés, que le secret de M. Schônbein était devenu celui de la France entière. Son succès fut immense au début : les jeunes gens qui étudiaient la chimie au moment de l'apparition du coton-poudre négligèrent pendant un mois tout autre travail; le laboratoire de M. Pelouze, notamment, était devenu un véritable arsenal; c'était à qui, parmi ses vingt-cinq élèves, apporterait des pistolets et des fusils pour essayer le nouvel agent balistique. Dans le monde, la curiosité n'était pas moins vive : chacun voulait voir, toucher, examiner la merveilleuse substance; on s'en disputait les échantillons, et les personnes qui, à Paris, pouvaient s'en procurer, soit directement, soit indirectement, en envoyaient à leurs parents et amis des départements sous l'enveloppe de leur correspondance.

Comme on devait s'y attendre, cet engouement du public produisit bientôt chez les savants, et surtout chez les hommes spéciaux, une réaction de défaveur et d'incrédulité, à laquelle des expériences incomplètes et des renseignements inexacts semblèrent un instant donner l'avantage. C'est ainsi que deux officiers d'un savoir éminent et d'un mérite reconnu, les colonels Morin et Piobert, n'ayant eu évidemment entre les mains que du coton-poudre mal préparé, vinrent dire à l'Académie des sciences « que le coton-poudre laissait un résidu formé d'eau et de charbon; que sa combustion ne donnait lieu qu'à un faible dégagement de chaleur et qu'elle produisait peu de gaz; à tel point que le gaz s'échappait quelquefois en totalité par la lumière du fusil et par le vent du projectile sans déplacer celui-ci; que le volume des charges les plus faibles était en général très considérable et excédait celui qu'il est convenable d'affecter à la charge des armes à feu, etc... ». L'erreur était palpable pour quiconque avait eu entre les mains du véritable coton-poudre; aussi dut-elle bientôt s'effacer devant l'évidence; et l'importance réelle du coton-poudre fut si bien reconnue, qu'une commission fut chargée par le ministre de la guerre d'examiner attentivement ce produit et les applications dont il est susceptible.

La révolution de février vint interrompre les travaux de cette commission; ils ont été repris depuis, et nous croyons savoir que les conclusions de la commission n'ont pas été favorables à l'emploi du coton-poudre. Les chimistes, de leur côté, sont aujourd'hui édifiés sur les défauts, les qualités et les inconvénients de cette substance. Nous allons essayer d'en donner une idée.

Le produit qui nous occupe a reçu successivement plusieurs noms. Nous avons vu que Braconnot l'appela *xyloïdine* à cause de sa ressemblance avec le ligneux. M. Pelouze ne changea point ce nom, bien que le corps qu'il obtint différât sous certains rapports de celui observé par M. Braconnot. Quant au nom de *coton-poudre* imaginé par M. Schönbein, bien qu'il soit généralement usité, il a, ainsi que celui du *fulmi-coton*, deux inconvénients : le premier, purement formel, de sonner désagréablement aux oreilles de ceux qui, suivant le précepte d'Horace, veulent que les mots de nouvelle création, les mots scientifiques surtout, soient empruntés à la langue grecque, *græco fonte cadent...;* le second, beaucoup plus fâcheux, de donner de l'objet qu'il désigne une notion doublement fausse. En effet : 1° le *coton-poudre* n'est nullement une *poudre;* 2° il s'en faut que le coton ait seul le privilège de devenir inflammable et détonant par suite d'une immersion dans l'acide azotique : la plupart des tissus végétaux partagent avec lui cette propriété. Il fallait donc trouver une dénomination qui joignît à l'avantage d'une origine hellénique celui de s'appliquer indistinctement à tous les produits de la combinaison du ligneux avec les éléments de l'acide azotique. Celle de *pyroxyle* réunit toutes les conditions désirables d'euphonie, de *noblesse* et de précision. Nous l'emploierons donc désormais de préférence.

La préparation du pyroxyle est des plus simples. On prend de l'acide azotique, non pas l'*eau-forte* du commerce, mais l'acide porté au point le plus élevé de concentration, ne contenant plus qu'un *équivalent* d'eau, dégageant au contact de l'air d'abondantes vapeurs blanches, et appelé pour ce motif *acide azotique fumant.* Il est bon de le mélanger avec son volume d'acide sulfurique ordinaire (communément *huile de vitriol*), corps très avide d'eau, et qui s'empare non seulement de celle que peut contenir l'acide azotique, mais encore de celle qu'il prendrait à l'atmosphère ambiante. Le liquide doit être mis dans un vase en verre ou en porcelaine muni d'un couvercle. On y plonge le linge, la ouate, le papier, etc., qu'on veut transformer en pyroxyle. Après un bain de dix à douze minutes, on retire la matière solide avec une baguette de verre, et on la comprime au fond d'un verre conique à demi renversé, afin de la débarrasser autant que possible de l'excès d'acide qu'elle a emporté avec elle; puis on la lave à grande eau[1]. Lorsqu'elle n'a plus aucune saveur acide, on la sèche, soit au moyen d'un fer à repasser, soit à un courant d'air chaud, soit simplement à l'air libre, ce qui est lent, mais plus sûr.

---

[1] Si l'on opère sur de la ouate, il faut, en la lavant, l'étirer soigneusement avec les doigts, ou mieux avec une petite carde faite exprès, afin que l'eau pénètre bien dans les interstices.

La plupart des essais relatifs au pyroxyle ont été faits sur du coton non cardé; on peut cependant opérer avec le même succès sur le linge blanc et sur le papier dit papier *ministre*. Le papier ordinaire, manquant de consistance, se désagrège et tombe en bouillie dans l'acide; mais le coton non cardé étant une denrée qu'on peut aisément se procurer en grande quantité et à bon compte, on le préfère généralement. Son poids, lorsqu'il est converti en pyroxyle, augmente de 12 p. 100.

Le pyroxyle conserve, à peu de chose près, les caractères physiques de la matière première : il est seulement un peu moins blanc et plus raide au toucher. C'est un composé d'une extrême instabilité, et, comme les produits de sa décomposition sont tous gazeux, il brûle sans fumée et sans résidu. Sa force explosible est presque le triple de celle de la poudre, puisque cinq grammes de pyroxyle produisent sur un projectile le même effet que treize à quatorze grammes de poudre. On a prétendu que la vapeur d'eau qui se dégage de sa combustion oxyderait les armes. Il n'en est rien; sa combustion est accompagnée d'une élévation de température telle, que tous les gaz sont chassés instantanément. Sa fabrication, comme on en a pu juger, est prompte et facile, et de grandes imprudences pourraient seules la rendre dangereuse.

Le pyroxyle est à la fois commode à transporter et à manier; il ne salit ni les armes ni les mains, et n'a rien à craindre de l'humidité. On peut impunément le laisser huit jours dans l'eau; il suffit de l'en retirer et de le sécher pour lui rendre toute sa vertu; mouillé par l'eau de mer, il n'a besoin que d'être lavé à l'eau douce comme au moment de sa préparation. Mélangé avec 8 à 10 p. 100 de son poids de salpêtre, il remplacerait avec économie la poudre de mine. L'addition du salpêtre a pour but d'empêcher la production de l'oxyde de carbone, gaz très vénéneux qui compromettrait la sûreté des mineurs; elle augmente en même temps de moitié sa force explosive.

Voilà certes de précieuses qualités, et l'on s'étonne au premier abord qu'elles n'aient pas fait adopter d'emblée le pyroxyle à la place de la poudre; mais en y réfléchissant on conçoit que les hommes de l'art ne soient pas décidés du jour au lendemain à abandonner un agent éprouvé par de longs services, et qu'une expérience de plusieurs siècles leur a rendu familier, pour en adopter un sur lequel leur jugement n'a encore eu ni le temps ni l'occasion de se former. Il faut ajouter que si le pyroxyle présente des avantages, on lui trouve aussi des inconvénients.

Un des plus sérieux est, pour quelques personnes, cette combustion sans fumée, qui, dans une bataille, laissant les combattants à découvert, donnerait au tir une justesse formidable; et M. Figuier dit[1] avoir entendu des marins affirmer « qu'à bord des navires l'usage du coton-poudre rendrait les combats entièrement impossibles, attendu qu'au bout d'une heure d'engagement les deux vaisseaux seraient, chacun de leur côté, mis en pièces. »

Mon Dieu! ce reproche, pour nous, ressemble singulièrement à un éloge. Quoi! le coton-poudre rendrait impossibles les combats sur mer! En ce cas, qu'on l'adopte bien vite; et s'il pouvait rendre impossibles aussi les combats sur terre, tout serait pour le mieux. Mais les adversaires du pyroxyle lui reprochent des torts d'un autre genre. Sa force explosive trop grande, disent-ils, sa combustion trop rapide, en font une poudre brisante. Pourtant des personnes dignes de foi assurent qu'en Allemagne et en Angleterre on a pu s'en servir pour charger pendant longtemps les mêmes armes, sans que celles-ci fussent détériorées et sans qu'aucun accident arrivât. Un défaut mieux constaté du pyroxyle résulte des difficultés et des dangers qui accompagnent son emmagasinage et sa conservation: bien qu'hermétiquement enfermé et gardé dans un lieu très sec, il s'altère sensiblement dans l'espace de cinq à six mois; cette altération présente même tous les caractères d'une véritable fermentation, et se produit avec un dégagement de chaleur qui peut occasionner les plus graves accidents. M. Maurey, directeur de la poudrerie du Bouchet, n'attribuait pas à une autre cause l'explosion survenue à Vincennes le 25 mars 1847, et la catastrophe qui arriva le 17 juillet 1848 au Bouchet même[2].

[1] *Histoire et Exposition des principales découvertes modernes.*
[2] Quatre ouvriers étaient occupés à embariller seize cents kilogrammes de coton-poudre lorsque le magasin sauta. Les quatre ouvriers furent tués, et trois

Disons-le toutefois, la rapidité avec laquelle le pyroxyle
peut être préparé nous semble un préservatif contre de
semblables malheurs. En effet, ce produit n'exigeant pas,
comme la poudre, de longues et minutieuses opérations,
pourrait être fabriqué presque au moment même, au fur
et à mesure de sa consommation ; ce serait en même temps
une occasion de débarrasser plusieurs centres de population du voisinage fort peu rassurant des poudrières, où l'on
est obligé d'entasser des barils de poudre par centaines[1],
et qui, malgré toutes les précautions que l'on prend,
malgré aussi la bénignité tant vantée de leur contenu,
donnent pourtant lieu de temps à autre à de déplorables
sinistres.

Enfin il est prouvé par des calculs exacts que, compte tenu
de sa force balistique bien supérieure, le pyroxyle revien-
drait à un peu plus cher que la poudre. Reste à savoir si
les avantages qui résulteraient de son emploi ne seraient
pas de nature à compenser cette légère augmentation de
dépense, et si d'ailleurs elle ne disparaîtrait pas avec le
temps par les perfectionnements que l'habitude et l'expérience amèneraient nécessairement.

Déjà des chimistes ont réussi à préparer par des procédés
peu différents de ceux qu'employaient Braconnot, Schönbein
et Pelouze, des matières explosives qui conservent, assure-
t-on, tous les avantages du fulmi-coton, et qui sont exemptes
de ses inconvénients.

Tel est le *pyroxam,* qui n'est au fond autre chose que la
xyloïdine de Braconnot, et qu'on obtient en traitant, par un
mélange d'acides azotique et sulfurique, la fécule desséchée
dans le vide à une température de 125°. Telle est encore la
poudre prussienne, prétendue invention du chimiste allemand
Schultze, qui n'est autre chose que de la sciure de bois de

autres blessés; le bâtiment fut détruit de fond en comble, et le sol creusé jusqu'à quatre mètres de profondeur. Les barils où était le pyroxyle étaient réduits
en poudre impalpable, les poutres des charpentes hachées en morceaux, près
de deux cents arbres, environnant la manufacture, déracinés ou coupés comme
par une trombe, et des matériaux de toute espèce projetés à une distance de trois
cents mètres.

[1] Nous citerons en outre la poudrerie de Cherbourg, placée, non pas *auprès,*
mais *au centre même* de la ville, et qui contient environ quatre-vingt-dix mille
kilogrammes de poudre.

chêne ou de sapin soumise d'abord à l'action de caustiques qui en isolent la *cellulose*, puis lavée à grande eau, et finalement immergée dans le même mélange d'acide azotique et d'acide sulfurique. Seulement M. Schultze ajoute à ce *fulmibois* du salpêtre ou de l'azotate de baryte *au moment de s'en servir*, ce qui n'est peut-être pas très pratique ; car on se représente difficilement, dans une bataille, les soldats, avant de charger leurs fusils, se livrant à cette préparation supplémentaire, comme ferait un pharmacien, voulant composer un remède « selon la formule ». Nous n'avons pas entendu dire que les Allemands, dans la guerre qu'ils nous ont faite en 1870 et 1871, se soient servis ni du *pyroxam* ni de la *poudre prussienne*. Ils ont préféré, autant que nous sachions, l'ancienne poudre, la poudre classique, et nous n'avons pas trouvé autre chose dans les cartouches qui sont tombées entre nos mains. La rivalité déjà ancienne entre cette poudre et le pyroxyle est, du reste, bien effacée par les découvertes qui se sont produites entre 1860 et 1870, et qui ont mis à la disposition de la pyrotechnie des substances explosives dont la puissance et le mode d'action peuvent être variés, pour ainsi dire, à volonté. Nous parlerons tout à l'heure de ces substances. Quelques mots auparavant sur les usages inoffensifs auxquels le coton-poudre a été appliqué, non sans quelque succès.

A l'époque où un engouement exagéré saluait l'apparition de ce produit, quelques enthousiastes voulurent en faire une sorte de panacée universelle. Un physiologiste prétendit que, si le pyroxile était bon à tuer les êtres vivants, il était aussi, en sa qualité de substance azotée, très capable de contribuer à leur conservation ; et il adressa à l'Institut un rapport dans lequel il affirmait avoir nourri des chiens avec ce produit : à la vérité il avouait avoir donné en outre à ces animaux une certaine quantité de riz… Ce fait nous rappelle le caillou qu'un mendiant portait toujours dans sa besace et qu'il donnait aux bonnes gens de qui il recevait l'hospitalité, comme propre à faire d'excellente soupe ; seulement il priait toujours que, pour *rendre la soupe encore meilleure*, on mît dans la marmite, avec le précieux caillou, un morceau de lard et des légumes…

On s'avisa de substituer aux machines à vapeur des machines à pyroxyle, où les gaz que ce corps dégage en brûlant
joueraient le rôle de la vapeur d'eau. On devine aisément
quel triste résultat dut avoir la mise en pratique de cette
théorie : autant valait mettre un baril de poudre à la place
de la chaudière.

Le pyroxyle est aujourd'hui employé avec succès par les
artificiers, qui le préparent avec de la paille ou de la sciure
de bois, puis le trempent dans des dissolutions de sels de
strontiane, de cuivre, de baryte, et obtiennent ainsi de belles
flammes rouges, vertes et blanches.

La médecine en a aussi tiré parti comme d'un tonique
pour le pansement des plaies paresseuses, et un médecin
de Boston (États-Unis), M. Meynard, ayant observé que
le pyroxyle dissous dans l'éther donne une sorte de vernis
siccatif doué d'une force d'adhésion et d'une ténacité remarquables, a eu l'heureuse idée d'employer au pansement des
plaies ce nouvel onguent, qu'il a nommé *collodion*, et il en
a obtenu les meilleurs résultats. Il suffit de rapprocher les
lèvres de la plaie et de les enduire avec un pinceau d'une
couche de collodion pour amener une cicatrisation aussi
sûre que rapide. Le collodion est aujourd'hui en usage dans
tous les hôpitaux de Paris, et l'on n'a qu'à se féliciter de ses
effets.

IV

La catastrophe de la place de la Sorbonne, en 1869. — Le picrate de potasse. —
Les poudres Dessignolles. — La poudre Fontaine. — La nitro-glycérine. —
La dynamite.

Au mois de février 1869, — la date précise de l'événement
n'est plus présente à notre mémoire, — une catastrophe sans
exemple peut-être dans les annales de la grande ville vint
jeter l'effroi et la douleur au sein de la population parisienne.
Une explosion formidable avait eu lieu place de la Sorbonne,
dans une maison dont le rez-de-chaussée était occupé par le
sieur Fontaine, fabricant de produits chimiques. Les dégâts
matériels étaient assez considérables, et ce qui était bien
pis, plusieurs personnes avaient été tuées ou blessées. On
frémissait en songeant que le nombre des victimes aurait pu
être bien plus grand encore. Le magasin de M. Fontaine était
situé juste en face de la Sorbonne, et l'explosion avait eu
lieu dans l'après-midi, à l'heure où les cours des Facultés
attirent dans le vénérable monument des centaines d'étu-
diants; la place de la Sorbonne est d'ailleurs, dans la journée, traversée par des bandes de jeunes écoliers qui suivent
les classes des lycées Louis-le-Grand et Saint-Louis; il s'en
était donc fallu de quelques minutes que l'explosion n'éclatât
au milieu d'une foule de jeunes gens et d'enfants. Aussi le
premier sentiment du public, après la douleur et la compas-
sion, ce fut l'étonnement et la curiosité.

Comment se pouvait-il qu'un fabricant se fût avisé d'emmagasiner et de manipuler en plein cœur de Paris une matière capable de causer de tels accidents ? Et quelle était cette matière ? Chacun répondait au hasard. On parlait d'éther, de chlorure d'azote, de fulminate de mercure... On apprit enfin que la cause du sinistre était une nouvelle poudre de guerre, une poudre au *picrate de potasse*. Qu'était-ce que le picrate de potasse ? Peu de personnes le savaient. Ceux qui possédaient quelques notions de chimie comprenaient seulement sans peine que le picrate de potasse était un sel résultant de la combinaison de l'acide picrique avec la potasse, et devinaient quelque chose d'analogue à l'azotate et au chlorate de potasse... On ne connaissait point, du reste, l'acide picrique comme un corps propre à former des compositions détonantes ; il était employé souvent et connu assez généralement comme matière colorante. Cet acide fut découvert en 1788 par un chimiste alsacien nommé Haussmann, qui l'obtint d'abord en traitant l'indigo par l'acide azotique, et qui, ayant remarqué d'abord sa saveur d'une insupportable amertume, lui donna le nom d'*amer indigo*. Quelques années après (1795), un autre chimiste, également alsacien, Welter, obtint par un autre procédé ce même acide, qui prit alors le nom d'*amer de Welter*, et dont il reconnut le premier les propriétés détonantes. Étudié ensuite par Proust, Vauquelin, Thénard, Chevreul, Dumas et d'autres chimistes, le même produit, résultant toujours de l'action de l'acide nitrique ou azotique sur un corps riche en carbone, a reçu tour à tour les noms d'*acide picrique, nitro-picrique, carbazotique, trinitrophénique*, etc. Ceux d'acide picrique et d'acide carbazotique sont restés seuls en usage. L'acide carbazotique ou picrique donc n'est pas remarquable seulement par son amertume et par son instabilité, mais aussi par sa belle couleur jaune. Ce fut Guinou, de Lyon, qui eut le premier l'idée de l'appliquer comme corps colorant sur la soie, et l'acide picrique acquit, à partir de ce moment (1847), une assez grande importance comme matière tinctoriale. On le prépare économiquement dans l'industrie en faisant agir à chaud, avec les précautions convenables, quarante parties d'acide azotique sur une partie d'acide phénique.

L'idée de combiner l'acide phénique avec la potasse, et
d'appliquer à la pyrotechnie le sel ainsi obtenu, paraît devoir
être attribuée à Welter ; mais l'étude attentive des propriétés et de la force explosive du picrate ou carbazotate de
potasse est due à un chimiste d'Auxerre nommé Dessignolles,
dont les travaux ne remontent pas plus haut que vers l'année 1865. C'est aussi M. Dessignolles qui a composé la pre-

Thénard.

mière ou plutôt les premières poudres au picrate de potasse ;
car il y en a plusieurs dont la puissance et le mode d'action
varient selon que le picrate de potasse est associé en telles
ou telles proportions soit au salpêtre seul, soit au salpêtre
et au charbon.

Ces poudres, dont la fabrication a été dirigée à la poudrerie du Bouchet, pendant quelques années, par l'inventeur
lui-même, ont donné, assure-t-on, d'excellents résultats.
Le picrate de potasse, associé au salpêtre seul, donne une
poudre brisante qui ne peut être employée que pour faire
sauter les mines ou les torpilles. Les poudres de guerre et
de chasse se préparent en mélangeant le picrate de potasse
soit avec du salpêtre et du charbon, soit avec du charbon

seulement; elles réalisent, par rapport à la poudre ordinaire, plusieurs avantages très appréciables. Le premier, c'est de s'altérer sensiblement moins par l'humidité; le second, de posséder une plus grande force balistique; ce qui, le prix de revient étant à peu près le même, constitue une économie évidente; le troisième avantage enfin est de supprimer l'emploi du soufre et de réduire de beaucoup celui du salpêtre.

Nous savons, en effet, que le soufre et le salpêtre sont, en France, des produits d'une extraction peu commode, et encore moins économique. On ne peut obtenir le salpêtre que par le lessivage des vieux plâtras provenant de constructions exposées aux émanations et aux infiltrations organiques, ou par le traitement chimique de l'azotate de soude (nitre cubique) du Chili, qu'on transforme en azotate de potasse. La plus grande partie du salpêtre qui alimente nos poudreries provient de l'Inde, de la Perse et de la Chine. Quant au soufre, notre industrie, réduite à ses seules ressources, devrait l'extraire des minerais de fer sulfurés (pyrites martiales). Ce procédé étant long et coûteux, on préfère de beaucoup faire venir le soufre du Midi, de l'Italie et de la Sicile, où il se trouve à l'état natif, et forme, dans les terrains volcaniques, des gisements presque inépuisables. Mais supposez qu'un conflit européen vienne à éclater ou que la France soit en guerre avec quelque puissance maritime, nos approvisionnements en salpêtre et en soufre deviendraient très difficiles; ils pourraient même être complètement interceptés, et cela précisément alors qu'ils nous seraient le plus nécessaires.

C'est ce qui est arrivé en 1792, et l'on sait quels prodiges les savants d'alors, « mis en réquisition pour le service de la patrie, » durent accomplir pour tirer de notre sol des produits qui, jusque-là, nous avaient toujours été fournis par le commerce étranger. Ce qui manquait aux chimistes de la révolution, M. Dessignolles l'a trouvé. Le picrate de potasse seul n'est pas d'une manipulation plus dangereuse que l'azotate. Mélangé avec ce dernier, il donne, ainsi que nous l'avons dit, une poudre brisante; mais, associé simplement au charbon, il constitue un agent balistique d'une grande puissance, sans qu'il soit nécessaire d'y ajouter du soufre ; ce qui, outre le bénéfice économique signalé plus haut, offre encore un avantage dont il faut tenir grand compte, celui de ne pas autant détériorer les armes.

En résumé, l'invention de M. Dessignolles était un progrès, et il semblait que l'on pût s'en tenir là. Mais on était possédé, dans les dernières années de l'empire, d'une étrange manie homicide. Ce qu'il y avait, en France et à l'étranger, de gens occupés à se creuser le cerveau et à se torturer pour mettre au jour des substances léthifères et des engins meurtriers, était vraiment prodigieux : on ne rêvait que fusils tirant cent coups à la minute, balles perforantes et foudroyantes, machines infernales, bombes incendiaires, torpilles capables de faire sauter des flottes, matières propres à détruire une ville en quelques heures !

Les poudres de M. Dessignolles ne se fabriquaient point à Paris et n'y entraient guère ; on ne pouvait les accuser d'avoir causé la catastrophe de la place de la Sorbonne. La faute en était à M. Fontaine. M. Fontaine avait voulu avoir, lui aussi, sa poudre, qu'il croyait supérieure à celle de son rival, et qu'il avait réussi à faire adopter, concurremment avec les autres, par les ministres de la guerre et de la marine, pour le tirage des mines et le chargement des torpilles. Quelle en était la composition ? Un chimiste du Conservatoire des arts et métiers, M. Champion, que nous interrogeâmes alors, ne put nous renseigner avec précision sur cette question. Il pensait que ce devait être un mélange de chlorate et de picrate de potasse. Ce qui est certain, c'est que le picrate seul n'aurait pas pu produire l'effroyable explosion qui avait fait tant de mal. Il n'est pas plus inflammable que le salpêtre, et *fuse* ou *deflagre* seulement, lorsqu'on le projette sur des charbons ardents. M. Champion essaya vainement sous nos yeux, à plusieurs reprises, de le faire détoner sous le choc. Enfin pourtant, par un coup de marteau asséné de toutes ses forces sur une enclume, il réussit à obtenir une faible explosion.

Il en est tout autrement du picrate uni au chlorate de potasse. Un léger coup de marteau sur une pincée de ce mélange suffit pour déterminer une forte détonation. Avec

quelques kilogrammes de pareille poudre, il y aurait de
quoi faire sauter tout un quartier de Paris, et ce qui est
difficile à expliquer, ce n'est pas le phénomène lui-même,
c'est la fatale aberration qui conduisit un chimiste instruit,
un industriel expérimenté, à choisir pour la manipulation,
le transvasement ou la mise en paquets de cette poudre, un
atelier, un magasin placé au rez-de-chaussée d'une maison
de cinq étages, située dans un des quartiers les plus popu-
leux de Paris, au lieu de faire exécuter cette dangereuse
opération dans quelque terrain voisin de son usine *extra
muros*.

La *poudre Fontaine,* quelle qu'elle fût, n'était pas dès
cette époque le produit le plus redoutable dont on fit usage
dans les arsenaux; il y en avait bien d'autres, mais on se
gardait de les introduire dans les villes. Tandis que des chimistes français attachaient leur nom à l'invention des poudres
au picrate de potasse, un ingénieur suédois, M. Nobel,
dotait la pyrotechnie et la balistique d'un agent plus terrible encore : la *nitro-glycérine.*

La glycérine, appelée autrefois principe doux des huiles,
est le principe immédiat neutre qui, dans les corps gras,
se trouve combiné avec les acides margarique, stéarique et
oléique, et qu'on isole par la saponification de ces acides.
C'est un liquide sirupeux, incolore, d'une saveur douce,
analogue par sa composition au glycose et aux alcools. Comment M. Nobel est-il parvenu à transformer en une substance
explosive et destructive ce liquide éminemment inoffensif?
Toujours en le traitant par l'acide azotique ou nitrique, d'où
le nom de *nitro-glycérine* donné au nouveau produit, un des·
plus dangereux qu'ait inventés le génie de la destruction.
Avant qu'une cruelle expérience eût appris avec quelsména-
gements extrêmes il fallait manier la nitro-glycérine, les
journaux ont eu à enregistrer plusieurs catastrophes non
moins graves que celle de la place de la Sorbonne, occa-
sionnées par la nitro-glycérine. Celles d'Aspinwal et de
San-Francisco, arrivées, si nous ne nous trompons, en 1867,
ont particulièrement ému le public : c'est faute de précautions suffisantes dans le transport de la nitro-glycérine que ces
accidents meurtriers se produisirent. On a reconnu depuis

que de semblables malheurs étaient aisés à prévenir : il
suffit de mêler la nitro-glycérine à l'esprit de bois pour lui
ôter sa propriété explosive. On la sépare ensuite facilement
de ce liquide au moyen de l'eau, qui dissout l'esprit de bois
et précipite la nitro-glycérine.

« Quoi qu'il en soit, dit un savant chimiste[1], la fabrication de la nitro-glycérine est tellement aisée, qu'elle peut
toujours avoir lieu aux endroits mêmes où elle doit être
employée; on doit tout simplement préparer un mélange
d'acide nitrique et sulfurique concentrés, puis y verser de
la glycérine sirupeuse, en ayant soin de refroidir extérieurement le vase dans lequel on opère. En jetant le produit
dans l'eau, on sépare facilement la nitro-glycérine sous
forme d'un liquide lourd et huileux. La nitro-glycérine n'est
pas très explosive, et peut être maniée sans danger; cependant elle est vénéneuse, à très petite dose elle produit des
maux de tête. Sa vapeur produit des effets analogues, et
cette circonstance pourrait bien être un obstacle à l'emploi
de la nitro-glycérine dans les mines. » Aussi en fait-on
surtout usage dans les carrières et dans les exploitations à
ciel ouvert, où sa vapeur est incessamment entraînée. Voici,
d'après M E. Kopp[2], comment on opère dans les carrières
de grès de la vallée de la Zorne (ancien département du
Bas-Rhin). A deux mètres cinquante centimètres ou trois
mètres de distance du rebord extérieur, on perce un trou
de mine d'environ cinq à six centimètres de diamètre et de
deux à trois mètres de profondeur. Après avoir débarrassé
ce trou *grosso modo* de boue, d'eau et de sable, on y verse,
au moyen d'un entonnoir, de mille cinq cents à deux mille
grammes de nitro-glycérine; on y fait ensuite descendre un
petit cylindre en bois, en carton ou en fer-blanc d'environ
quatre centimètres de diamètre et cinq à six centimètres de
hauteur, rempli de poudre ordinaire. Ce cylindre est fixé
à une mèche ou fusée de mine ordinaire, qui y pénètre à
une certaine profondeur pour assurer l'inflammation de la

[1] M. P.-P. Dehérain, *Annuaire scientifique*, sixième année, 1867.
[2] Note sur l'emploi de la nitro-glycérine dans les carrières de grès vosgien,
près de Saverne: *Comptes rendus de l'Académie des sciences*, t. LXIII (1866),
p. 89.

poudre. C'est au moyen de la mèche ou fusée qu'on fait descendre le cylindre, et le tact permet de saisir le moment
où le cylindre arrive à la surface de la nitro-glycérine. On
remplit le trou de sable; on coupe la mèche à quelques centimètres au-dessus de l'orifice du trou, on y met le feu, et
l'on s'éloigne, bien entendu. Lorsque le feu atteint la poudre,
« il en résulte un choc violent, qui fait détoner instantanément la nitro-glycérine. L'explosion est si subite, que le
sable n'a jamais le temps d'être projeté. On voit toute la
masse du rocher se soulever, se déplacer, puis se rasseoir
tranquillement sans aucune projection. On entend une détonation sourde. Ce n'est qu'en arrivant sur les lieux qu'on
peut se rendre compte de la puissance de l'explosion. Des
masses formidables de roc se trouvent légèrement déplacées
et fissurées dans tous les sens, et prêtes à être débitées
mécaniquement; la pierre n'est, au reste, que peu broyée,
et il n'y a que peu de déchet. »

M. Nobel, qui a le premier préparé la glycérine, en a
été une des premières victimes. Plusieurs explosions ont eu
lieu dans son usine, et son fils périt dans une de ces catastrophes; mais l'intrépide ingénieur ne s'est pas découragé;
il a continué quand même d'étudier ce dangereux produit
et d'en rechercher les applications. C'est ainsi qu'il est arrivé
à la préparation d'une poudre dont la puissance explosive
peut être graduée à volonté, et qui n'est que de la nitro-
glycérine incorporée à une portion plus ou moins forte
d'argile ocreuse. C'est cette poudre qui a reçu le nom de
dynamite. Un de nos plus savants officiers, M. le commandant du génie Caron, a trouvé dans un échantillon de dynamite provenant de l'usine de M. Nobel 67 parties de nitro-
glycérine pour 33 parties de terre argileuse.

« Les effets de la dynamite, dit encore M. Dehérain, sont
d'une rare puissance. Des rochers de grande dimension ont
été profondément fendus quand on les a minés à la nouvelle
poudre; employée dans les carrières ou dans les mines, elle
paraît avoir une supériorité marquée sur la poudre ordinaire; elle n'est même pas aussi dangereuse qu'elle, car elle
ne détone pas quand elle est chauffée. En plongeant dans
un paquet de dynamite un fer rouge, on voit la poudre

brûler lentement, sans explosion; elle ne détone pas non plus sous le choc. Dans les épreuves auxquelles elle a été soumise en Suède, on a pu faire rouler un wagon sur des rails où l'on avait placé des cartouches de dynamite, sans obtenir d'explosion. Il faut, pour la faire détoner, le contact d'une poudre fulminante[1]. La dynamite, une fois préparée, n'est donc pas une matière dangereuse; mais pour l'obtenir il faut commencer par fabriquer la nitro-glycérine, et ici le danger est très grand. »

On a préparé aussi sous le nom de *lithofracteur*, c'est-à-dire « briseur de pierres », un autre mélange dont la partie active est encore la nitro-glycérine, et qui se présente sous la forme de petites miettes noirâtres. Ce mélange, comme la dynamite, détone isolément au contact d'une poudre fulminante, mais il ne fait explosion ni par le choc ni par l'action du feu.

---

[1] M. Nobel a montré que, pour faire détoner la dynamite, il fallait l'amorcer avec une capsule au fulminate de mercure, à laquelle une mèche de poudre ordinaire mettait le feu.

V

Les incendiaires de la Commune de 1871 et le pétrole. — Histoire de ce produit. — Le feu fenian. — Le feu lorrain de M. Nickles. — Le feu lorrain perfectionné de M. Guyot.

Il nous est impossible de terminer ce volume sans parler du pétrole, qui, après avoir été l'élément principal du célèbre et mystérieux *feu grégeois*, a reparu de nos jours, non plus comme denrée commerciale et produit industriel, mais comme *feu de guerre*, dans des circonstances qui constituent désormais un des plus dramatiques et des plus lamentables épisodes de notre histoire. Nous voulons parler, on l'a deviné, de l'insurrection qui, maîtresse de Paris après la fin de la guerre de 1870-1871, tint pendant trois mois en échec l'armée régulière, et se vengea de sa sanglante défaite en livrant aux flammes les plus beaux édifices publics de la capitale et un grand nombre de maisons.

La Commune, on le sait, fut une parodie de 1792 et de la Terreur. Cette bande d'aventuriers de bas étage, installée à l'hôtel de ville après un simulacre d'élections, se donna le rôle d'une nouvelle Convention. Elle eut, à l'instar de la terrible assemblée, les comités de « salut public » et de « sûreté générale » (ainsi nommés sans doute par antiphrase), ses commissaires, ses généraux, ses armées, sa marine même et ses amiraux ! Et comme ces hommes d'État avaient lu quelque part que la Convention, pour sauver la

patrie, avait « mis en réquisition » les plus illustres savants
de l'époque, ils voulurent avoir aussi leur comité scientifique, chargé de faire, pour la défense de Paris contre la
France, ce qu'on avait si amèrement reproché au général
Trochu et au gouvernement de la Défense nationale de n'avoir
pas fait contre les Allemands : à savoir, de mettre à profit
toutes les ressources de la physique et de la chimie. Mais
ce ne fut là encore qu'une misérable parodie, et un apothicaire dut remplir à lui seul l'emploi des Monge, des Berthollet, des Lagrange, des Fourcroy. Il n'eut pas à déployer
son génie à faire fondre des canons, à faire fabriquer des
fusées et de la poudre : la Commune, malheureusement, ne
manquait ni d'armes ni de munitions. Mais on devait croire
qu'elle ne se contenterait pas des engins ordinaires, et son
plus fameux général, le Polonais Dombrowski, avait fait
grand tapage des « engins d'une puissance irrésistible »
employés par lui à la destruction de Neuilly. Quels étaient
ces engins? Dombrowski ne le disait point; ce qui fit penser
tout naturellement qu'il y avait là un grand secret. On pro-
nonçait mystérieusement les mots de feu grégeois, de dynamite, de poudre au picrate, de fusées au pétrole.

On avait déjà, pendant le siège, beaucoup parlé de ces
terribles substances, auxquelles l'ignorance de la foule attribuait des propriétés extraordinaires, et les partisans de la
lutte à outrance ne pardonnaient pas au gouverneur de Paris
et au ministre de la guerre leur refus obstiné de recourir
aux moyens infaillibles qui leur étaient offerts d'anéantir en
un clin d'œil les armées allemandes. Avec les révolution-
naires du 18 mars, on allait avoir du nouveau. Eux du moins
ne seraient pas arrêtés par de vains scrupules; ils n'étaient
point savants, mais, à défaut de connaissances en pyrotechnie et en balistique, ils avaient l'audace, qui tient lieu
de tout, et ils sauraient bien organiser des corps d'artificiers, de fuséens et de pétroleurs, où les *dames* seraient
admises.

Voilà ce que pensaient et disaient les braves fédérés. Ils
furent peut-être un peu désappointés d'abord en voyant leurs
chefs se contenter des canons, des mortiers, des projectiles
et de la poudre vulgaire, qu'ils avaient trouvés tout prêts

dans les magasins du gouvernement; mais ils patientaient, comptant bien qu'au moment décisif le « comité de salut public » et la « délégation de la guerre », avec l'aide de la « commission scientifique », sauraient montrer aux Prussiens comment il faut s'y prendre pour mettre des Français à la raison.

Or le moment décisif approchait; l'apothicaire délégué au département de la science fit placarder dans Paris des affiches enjoignant à tous détenteurs d'huile de pétrole, de phosphore et d'autres produits inflammables, d'avoir à livrer sans délai ces matières aux agents de la Commune. La « commission scientifique » put ainsi se procurer une certaine quantité de substances incendiaires, qui s'ajoutèrent au stock déjà considérable que le gouvernement de la Défense avait accumulé et fait enterrer dans les jardins publics.

Cependant la situation s'aggravait de jour en jour. Les forts d'Ivry et de Vanves, qui, selon le programme, devaient « sauter avec leurs intrépides défenseurs », avaient été simplement évacués, et les soldats qui y étaient venus planter le drapeau tricolore n'y avaient trouvé d'autre liquide incendiaire que de l'eau-de-vie. Les assiégeants n'étaient plus qu'à quelques mètres des remparts, déjà fortement endommagés, et le feu grégeois ne se montrait pas!

Qu'attendait-on donc tant?

On attendait que les troupes fussent entrées dans Paris pour incendier les monuments publics et certaines maisons désignées d'avance; ce qu'on fit par les procédés les plus vulgaires : en versant du pétrole dans les caves et dans les rez-de-chaussée, et en y mettant le feu avec des allumettes chimiques — allemandes. — C'était là toute la science des savants de la Commune. Les incendiaires, parmi lesquels on avait enrôlé des femmes et des enfants, s'en allaient par les rues, portant dans des paniers, traînant sur des brouettes ou sur de petits chariots à bras, des bouteilles pleines de pétrole. Ils les lançaient dans les maisons, où elles se brisaient; ils jetaient par là-dessus de l'étoupe ou des brindilles et du papier enflammés, et ils s'en allaient. Peut-être y avait-il du phosphore en dissolution dans le pétrole; ce qui expliquerait l'insistance que le délégué scientifique avait mise à requérir tout le phosphore en magasin chez les marchands et fabricants de produits chimiques ou d'allumettes; mais il est douteux qu'il y en eût de grandes quantités.

Quoi qu'il en soit, l'agent ignifère qui fit à peu près tous les frais de l'incendie de Paris, c'est le pétrole. Rappelons en quelques lignes l'histoire naturelle, chimique et industrielle de ce produit.

Le PÉTROLE, dont le nom signifie « huile de pierre », *petræ oleum*, est, à proprement parler, une huile minérale de même espèce que le naphte, dont il diffère à peine par ses propriétés[1]. Il a aussi beaucoup d'analogie avec les huiles qu'on extrait par distillation des schistes bitumineux et du goudron de houille. Toutes ces huiles sont des carbures d'hydrogène plus ou moins fluides, moins denses que l'eau (leur pesanteur spécifique varie de 735 à 880, celle de l'eau étant représentée par 1000), doués d'une odeur forte et peu agréable, plus ou moins volatils, toujours très inflammables et brûlant avec une flamme blanche, très lumineuse, mais aussi très fuligineuse, à moins qu'on ne les emploie dans des lampes à tirage énergique.

Le naphte est connu depuis la plus haute antiquité dans plusieurs contrées de l'Asie et de l'Europe, où il jaillit naturellement du sol, de telle sorte qu'on n'a qu'à le recueillir. C'est ainsi qu'on le trouve en Perse, aux environs de Bakou, et dans la presqu'île d'Abchérou, sur la mer Caspienne; en Italie, à Miano (ancien duché de Parme); à Barigazzo (Toscane); au mont Zibio, près de Salzuolo (ancien duché de Modène), et près de Girgenti, en Sicile; en France même, au village de Gabiau, près de Pézenas (Hérault). Ces sources sont ordinairement voisines de sources d'eaux minérales et thermales. Le naphte est même souvent mêlé à ces dernières, et forme une couche huileuse à la surface des bassins naturels ou artificiels qui les reçoivent. A Bakou, en Perse,

---

[1] Toute la différence consiste, d'après le professeur Girardin, en ce que le pétrole a une plus grande densité, une couleur plus foncée, une odeur plus forte, et paraît renfermer une certaine proportion de bitume solide en dissolution.

il se dégage des fissures du sol, en même temps que le naphte, des jets de gaz hydrogène carboné.

Là où le naphte est abondant, on l'emploie depuis bien des années à l'éclairage des villes et des habitations. Il y remplace aussi le goudron. En Perse, en Italie, et même dans le midi de la France, on lui attribue de puissantes vertus médicinales, et l'*huile de Gabiau* a joui, sous ce rapport, d'une grande réputation parmi les habitants de nos départements méridionaux. L'huile de naphte, épurée par la distillation, a été aussi utilisée dans les arts, comme dissolvant des résines et des gommes recuites pour la fabrication des vernis, et plus tard du caoutchouc. Cette huile jouit d'une remarquable inaltérabilité. Elle est à peine attaquée par l'acide sulfurique et l'acide azotique concentrés. On s'en sert dans les laboratoires pour conserver à l'abri de l'air et de l'humidité les métaux combustibles, comme le sodium et le potassium. Le soufre et le phosphore s'y dissolvent en notables proportions. Le naphte est très combustible ; une fois enflammé, il est presque impossible de l'éteindre ; l'eau n'y peut rien ; la terre et le sable humide réussissent mieux, mais il en faut une grande quantité. Comme le naphte est plus léger que l'eau, et qu'il ne peut s'y dissoudre ni s'y mélanger, il surnage sur ce liquide et y brûle jusqu'à la dernière molécule. C'est pourquoi on disait jadis que le *feu de naphte* ou *feu grégeois* brûlait non seulement sur l'eau, ce qui semblait déjà fort extraordinaire, mais *sous l'eau*, et que l'eau même ne faisait qu'activer sa combustion.

Tant que le naphte ou pétrole n'a été fourni que par les sources peu nombreuses et relativement peu abondantes que nous venons d'énumérer, ses applications sont restées nécessairement fort restreintes, et son rôle industriel et commercial peu considérable. Son importance ne date que de l'année 1859, où furent découverts les prodigieux amas d'eaux minérales que recèle le sol des États-Unis. Déjà en 1830 un sondage pratiqué dans le Kentucky, pour chercher de l'eau salée, avait donné issue à un jet de pétrole qui jaillit jusqu'à une hauteur de quatre mètres, et dont le débit se maintint pendant quelques jours à plus de trois cents litres par heure. On ne songea pas alors à utiliser ce liquide, qui alla se

Exploitation du pétrole aux États-Unis. — Une vue dans l'Oil-Creek.

répandre sur la rivière de Cumberland, et quelqu'un y ayant mis le feu, soit par sottise, soit par maladresse, il s'ensuivit une conflagration terrible, un incendie qui dévora une partie des forêts voisines.

En 1845, des circonstances semblables amenèrent la découverte d'une nouvelle source de pétrole près de Torentum, dans les monts Alleghanis, à trente-cinq milles au-dessus de Pittsburg. Cette fois, une compagnie se forma à New-York dans le but de recueillir le pétrole, de le purifier et de le livrer au commerce; mais l'entreprise n'eut pas de succès. Cependant en 1857 les travaux furent repris, et en 1859 on découvrit à Titasulle, près d'Oil-Creek, une source qui donnait par jour mille huit cents litres d'huile minérale. Bientôt après d'autres sources d'une prodigieuse abondance furent découvertes dans la Pensylvanie et le Kentucky, ainsi qu'au Canada. On savait depuis longtemps que des gisements de bitume existaient dans les districts occidentaux de cette colonie. Les premiers qui furent mis en exploitation sont ceux du territoire d'Enniskellen, où l'on voyait en deux endroits, sur une étendue de près de deux acres, une couche de goudron minéral de plusieurs pouces d'épaisseur due à la dessiccation du pétrole qui s'épanchait hors de ses réservoirs naturels. Des puits de quarante à soixante pieds, creusés dans le voisinage, se remplirent presque aussitôt. Vers le sud de ce territoire, sur une étendue d'environ quarante milles carrés, on avait creusé, en 1861, soixante puits où l'on avait trouvé le pétrole à des profondeurs variant de quatorze à vingt mètres. Quarante de ces puits formaient ce qu'on nomme des « sources de surface », *surface wells,* et les vingt autres, des « sources jaillissantes », *flowing wells.*

Aux États-Unis, d'après M. Kopp[1], on comptait, dès la fin de l'année 1860, près de deux mille sources ou puits, dont soixante-quatorze produisant, à l'aide de pompes, environ onze cent soixante-cinq barriques de cent quatre-vingt-dix litres chacune d'huile brute. Un peu plus tard, on creusa des puits à la profondeur de cent soixante-dix à deux cents mètres, et l'abondance de l'huile devint telle, qu'une seule

[1] *Répertoire de chimie appliquée,* publié par Ch. Barreswill, 1862.

source, — la plus riche, à la vérité, — put fournir jusqu'à
trois mille barriques par jour. L'Amérique eut alors sa fièvre
du pétrole, comme elle avait eu sa fièvre de l'or. « Il fau-
drait, dit M. L. Simonin, pouvoir raconter le commencement de la *pétrolie* et le désordre sans nom qui fut la suite
des premières recherches : la terre partout imprégnée de
l'huile extraite, et où l'on s'enfonçait jusqu'aux genoux,
les cris des charretiers embourbés emportant des fûts aux
chemins de fer, les incendies allumés par l'explosion du
pétrole, les puits et les ruisseaux en feu, les millions gagnés
et perdus en un jour ; des terrains jusque-là sans valeur,
atteignant des prix inabordables ; l'huile, le gaz et l'eau
salée jaillissant à la fois des sondages ; enfin la fièvre du
jeu, le vol et l'assassinat venant, comme en Californie, et
par une similitude de plus, compléter un tableau à la fois
plaisant et dramatique, comme on n'en voit qu'aux États-
Unis [1]. »

Le même auteur raconte que, pendant la guerre de séces-
sion, les propriétaires d'une des plus considérables sources
de pétrole, celle de Tar-Farm, en Pensylvanie, eurent l'idée
de se promener dans Brood-Way, à New-York, avec leurs
ingénieurs et tout leur matériel d'exploitation, sur un gigantesque char triomphal traîné par six chevaux et orné d'attri-
buts, de couronnes, de fleurs, de dessins et d'inscriptions.
On lisait, par exemple, sur un écusson, ces mots : *Petroleum
is king, not cotton :* « C'est le pétrole qui est roi, et non le
coton. » Les exploitants de Tar-Farm étaient nordistes. Le
coton était roi du sud, et les gens du nord souffraient trop
de son absence pour ne pas chercher à s'en consoler par des
lazzis ; mais, quoi qu'ils fissent, ils sentaient bien, au fond,
que le débonnaire et utile monarque ne serait jamais détrôné
par son dangereux compétiteur.

L'apparition, — nous allions dire l'invasion, — du pétrole
d'Amérique sur les marchés d'Europe fut accueillie avec une
certaine défiance. On ne pouvait méconnaître les qualités
utiles de ce produit ; mais il était impossible aussi de se faire
illusion sur ses défauts. Le pétrole semblait devoir, au pre-

---

[1] *Les Pierres, esquisses minéralogiques*, 1 vol. grand in-8°. Paris, 1869.

mier abord, opérer dans l'éclairage domestique, sinon dans l'éclairage public, une révolution profonde, et ruiner non seulement l'industrie des huiles de schiste, mais encore celle des huiles végétales non comestibles. Il n'en a rien été. L'expérience, en somme, n'a pas été favorable au pétrole. Le public a jugé que la modicité du prix, la commodité, l'incontestable supériorité de la lumière, n'étaient pas des compensations suffisantes à la mauvaise odeur, et surtout aux risques d'accidents qui paraissaient inséparables de son emploi et de sa seule présence dans nos demeures. On a démontré, il est vrai, que ces inconvénients ne sont pas irrémédiables, et l'on s'est appliqué, non sans quelque succès, sinon à les faire entièrement disparaître, au moins à les atténuer notablement.

Le pétrole est une substance complexe, formée de plusieurs espèces d'huiles de diverses densités. La mauvaise odeur qui se dégage pendant la combustion est due aux huiles les plus lourdes, et ce sont les plus légères qui donnent lieu à des explosions. L'emploi des huiles de densité moyenne est sans inconvénient et sans danger. Celles-ci devraient donc être livrées seules à la consommation, et il est facile de les séparer des autres par la distillation, les huiles légères se volatilisant les premières et les huiles lourdes restant comme résidu dans l'alambic. L'administration a donc, dans un but de sécurité publique, fixé une densité limite que doivent présenter les pétroles du commerce. Malheureusement les fraudeurs trouvent moyen d'éluder l'ordonnance en mélangeant les huiles lourdes, qui sont sans valeur, avec les huiles volatiles, qui sont explosibles; en sorte que le mélange a bien la densité voulue, mais réunit précisément l'inconvénient et le danger que les règlements ont pour objet d'écarter. Dans ces conditions, il s'agissait de trouver un signe, autre que la densité, qui pût permettre d'apprécier la qualité réelle des pétroles. MM. Salleron et Urbain l'ont trouvé dans la tension de vapeur de ces liquides, et ils ont construit un appareil très simple pour mesurer cette tension.

Voilà qui va bien pour la consommation courante et pour le commerce de détail; mais le danger subsiste et s'accroît dans d'effrayantes proportions lorsqu'il s'agit du transport, de l'emploi en grand des huiles minérales. Aux États-Unis, des incendies innombrables ont marqué le règne du *roi pétrole*. Des navires chargés de pétrole ont péri corps et biens, et l'on a peine à comprendre qu'il se trouve encore des armateurs et des marins assez téméraires pour prendre à leur bord une cargaison aussi dangereuse. A terre même, dans les villes, il est certain que l'accumulation des huiles minérales dans des docks et dans les caves des maisons n'a rien de bien rassurant. Mais que faire? prohiber l'importation du pétrole ou le frapper d'un droit élevé? Ce serait susciter la contrebande et accroître peut-être le péril en portant un grave préjudice au commerce et à certaines industries. En dehors de l'éclairage, le pétrole rend, en effet, des services incontestables par ses applications à la préparation des vernis, au dégraissage des étoffes, à la fabrication du gaz d'éclairage, au chauffage des machines, etc. Il serait puéril de vouloir, à la suite d'une catastrophe qui peut ne pas se renouveler, proscrire l'emploi d'une matière combustible utile aux arts et à l'industrie, sous prétexte que cette matière est trop abondante et à trop bon marché. Il n'arrivera plus, espérons-le, que les ennemis de la société et de l'humanité aient à leur libre disposition une ville comme Paris, fortifiée, armée, transformée en un arsenal le plus immense, le plus formidable qui fut jamais.

Revenons, pour terminer, aux agents incendiaires bien plus terribles que le pétrole, dont les insurgés de 1871 auraient pu faire usage, et qui laissent sans doute fort loin en arrière, par la puissance de leurs effets, le feu grégeois, dont on veut que le secret soit perdu. Nous avons d'abord le *feu fenian* et le *feu lorrain*. Le premier est ainsi nommé parce que les *fenians*, qui sont à peu près à la Grande-Bretagne ce que les *communeux* sont à la France, en avaient, dit-on, préparé, il y a quelques années, d'assez grandes quantités dans le dessein probablement de brûler Londres, comme nos pétroleurs ont voulu brûler Paris. C'est du phosphore dissous dans le sulfure de carbone. Si l'on verse de cette liqueur sur du bois ou sur toute autre matière combustible, le sulfure de carbone s'évapore; le phosphore, au contact de l'air, prend feu, et l'ignition se communique à la fois au sulfure de carbone et aux corps sur lesquels le mélange a été projeté. Notons que le feu fenian est à la fois un agent d'infection et un agent incendiaire. Son odeur est suffocante, et les gaz qu'il répand sont délétères. Son inventeur, dont nous regrettons d'ignorer le nom, a cru sans doute qu'on ne trouverait rien de plus parfait en ce genre; il se trompait, on a fait mieux; M. Nicklès a trouvé le *feu lorrain,* qui est un perfectionnement du feu fenian.

A la solution du phosphore dans le sulfure de carbone, M. Nicklès a ajouté du chlorure de soufre. Le produit de cet infernal mélange est un liquide de couleur jaune, qui peut se conserver indéfiniment dans un flacon bien bouché, et qui, exposé à l'air, répand d'abondantes vapeurs blanches; mais quelques gouttes d'ammoniaque versées dans ce liquide provoquent entre ces éléments une réaction qui se manifeste par un énorme jet de flammes. Quelques centilitres d'un pareil mélange suffisent pour donner une flamme de plus d'un mètre de haut. Ce phénomène est dû à la décomposition de l'ammoniaque (azoture d'hydrogène) et du chlorure de soufre, et à la fermentation d'une minime quantité de chlorure d'azote, c'est-à-dire des corps les plus explosifs que l'on connaisse.

Enfin M. Guyot a fait connaître à l'Académie des sciences, dans la séance du 5 juin 1871, la composition d'un autre *feu liquide* qui surpasse encore le feu lorrain de M. Nicklès. Le chlorure de soufre est remplacé ici par le bromure, que M. Guyot obtient en mettant du brome et un excès de fleur de soufre. Ce bromure se dissout très bien dans le sulfure de carbone, auquel il communique une teinte rougeâtre. Traité par l'ammoniaque ordinaire, il ne tarde pas à bouillonner en dégageant des torrents de fumées blanches très épaisses. Si dans la solution sulfo-carbonique on ajoute un corps extrêmement combustible, tel que le phosphore, et qu'on fasse ensuite intervenir l'ammoniaque, tout le mélange s'enflamme; mais la déflagration n'a lieu qu'au bout d'une ou deux minutes, ce qui donne à l'expérimentateur le temps de se retirer à distance.

« Le *nouveau feu lorrain,* — c'est ainsi que M. Guyot

appelle son mélange inflammable, — peut, dit ce chimiste, se faire de toutes pièces, en mélangeant du bromure de soufre et du feu fenian, dont on peut faire varier les proportions. Il devient d'autant plus dangereux, que la quantité de ce dernier est plus forte et qu'il renferme plus de phosphore. Ici, comme dans la préparation de M. Nicklès, le phosphore ne joue qu'un rôle secondaire. Il sert, à cause de sa propriété de s'enflammer à la température ordinaire, à communiquer le feu aux liquides qu'il accompagne. Il n'est pas absolument nécessaire d'employer comme combustible le sulfure de carbone : d'autres liquides réussissent aussi bien. Le pétrole rectifié, par exemple, donne *de bons résultats* (sic). »

On voit qu'en fait de préparations incendiaires, comme en fait de mélanges explosibles, notre assortiment peut passer pour assez complet, et que nous ne sommes pas à court de moyens de destruction. Mais que nos lecteurs se rassurent. Il est infiniment probable qu'on ne fera jamais usage à la guerre du feu fenian, non plus que du feu lorrain de M. Nicklès ou de M. Guyot, et ces préparations redoutables doivent être considérées, au même titre que tant d'autres dont la chimie moderne a enrichi son catalogue, non comme des inventions malfaisantes, mais comme de simples curiosités scientifiques.

VI

Dernières découvertes. — La mélinite. — La roburite. — La poudre sans fumée. — Le fusil à gaz. — Conclusion.

Dans les circonstances terribles que chacun connaît, M. Thiers dit à la nation cette parole profonde : « De même qu'il y a une corne d'abondance inépuisable pour le bien, il y a également une corne d'abondance pour les maux[1]. » Il n'ajouta pas que l'homme recherche avec une égale avidité les dons de l'une et les dons de l'autre. Les progrès du mal et ceux du bien sont parallèles. O dérision! tandis que la science fait les plus louables travaux pour éloigner de nous la souffrance et semble chaque jour conquérir de la vie sur la nature, on la voit d'autre part prodiguer ses efforts, à quoi? à hâter l'œuvre de la mort; et lorsqu'elle lui a mis entre les mains des armes épouvantables, applaudir à son propre crime! Quelques chevaliers seulement tombèrent à Bouvines, des escadrons entiers couvrirent les plaines de la Moskowa. Faibles résultats! Le champ de bataille de demain recevra, paraît-il, ce qui aurait été une armée, que dis-je? un peuple.

Chaque jour naît un nouvel engin, et toujours plus formidable que son aîné. C'est la kinétite, la nitrocolle, la gélatine dynamite, la gélignite, la bellite.

[1] Discours sur l'emprunt de deux milliards, 20 juin 1871.

La France voit naître la mélinite, composition encore inconnue, où il entre sans doute de l'acide picrique et de la trinitrocellulose dissoute dans l'éther. Presque au même moment surgit sa sœur la roburite, composition variable, dont les éléments principaux sont la naphtaline nitrée et le nitrate de potasse.

Enfin le progrès des progrès, la poudre sans fumée. Arrêtons-nous, si vous voulez, un instant à cette dernière merveille. Nous n'avons plus à faire à la vilaine poudre noire de jadis, mais à une jolie composition brunâtre. Elle sort de la fabrique sous forme de feuilles ou de plaques d'aspect corné, que l'on découpe ensuite en petites lamelles brillantes. On fit les premiers essais de cette charmante préparation au champ de manœuvres de Champigny. Et l'on aura une idée assez juste de sa puissance lorsqu'on saura qu'une balle projetée par elle peut trouer des madriers de 30 centimètres d'épaisseur et traverser de part en part trois soldats successivement.

Diverses poudres sans fumée naquirent presque simultanément. Il y a la poudre française; il y a celle du Suédois Nobel. Cette dernière est une composition à base de nitroglycérine et de nitrocellulose.

Cette poudre est-elle devenue complètement invisible, complètement exempte de fumée? Non, cela est vrai; mais il s'en faut de bien peu. Il s'en faut même de si peu, qu'une armée pourvue de cet engin devient absolument invisible à l'ennemi. Et Napoléon, si on l'interrogeait de nouveau sur la tactique militaire, ne pourrait plus répondre : « On s'approche, et puis on voit. »

D'où la nouvelle poudre tire-t-elle cette propriété nouvelle? Nous allons l'expliquer sommairement. Ce qui constitue en général dans une combustion quelconque la fumée, c'est, on le sait, la présence de corps solides incomplètement consumés. Dans la poudre Nobel, grâce à la cellulose nitrée, ces corps solides sont presque complètement supprimés et remplacés par des gaz.

De l'arme invisible à l'arme silencieuse il n'y avait qu'un pas, et ce pas vient d'être fait par M. Paul Giffard. Dans ce nouveau procédé, l'ancienne poudre a vécu. La force balistique sera due à la volatilisation violente d'une matière gazeuse liquéfiée. Ce nouveau fusil ne produit pas de fumée, ainsi que nous l'avons dit, et la détonation ne fait pas plus de bruit qu'une bouteille de vin de champagne qu'on débouche.

Cette découverte n'a pas reçu encore son application au point de vue de la guerre ; mais nous ne doutons pas que nous ne soyons en présence de l'arme de l'avenir.

Nous arrêterons donc là notre nomenclature. Espérons, pour conclure, que ces formidables résultats seront, comme l'assurent les optimistes, un gage de paix perpétuelle pour le monde. Hélas! triste paix! C'est aujourd'hui celle d'un monde terrifié ; je souhaite que ce ne soit pas demain celle d'un monde anéanti, la paix dont parlait le vieux Tacite, lorsqu'il s'écriait : *Ubi solitudinem faciunt, pacem appellant*[1].

---

[1] « C'est la solitude qu'ils font, et c'est la paix qu'ils la nomment. »

FIN

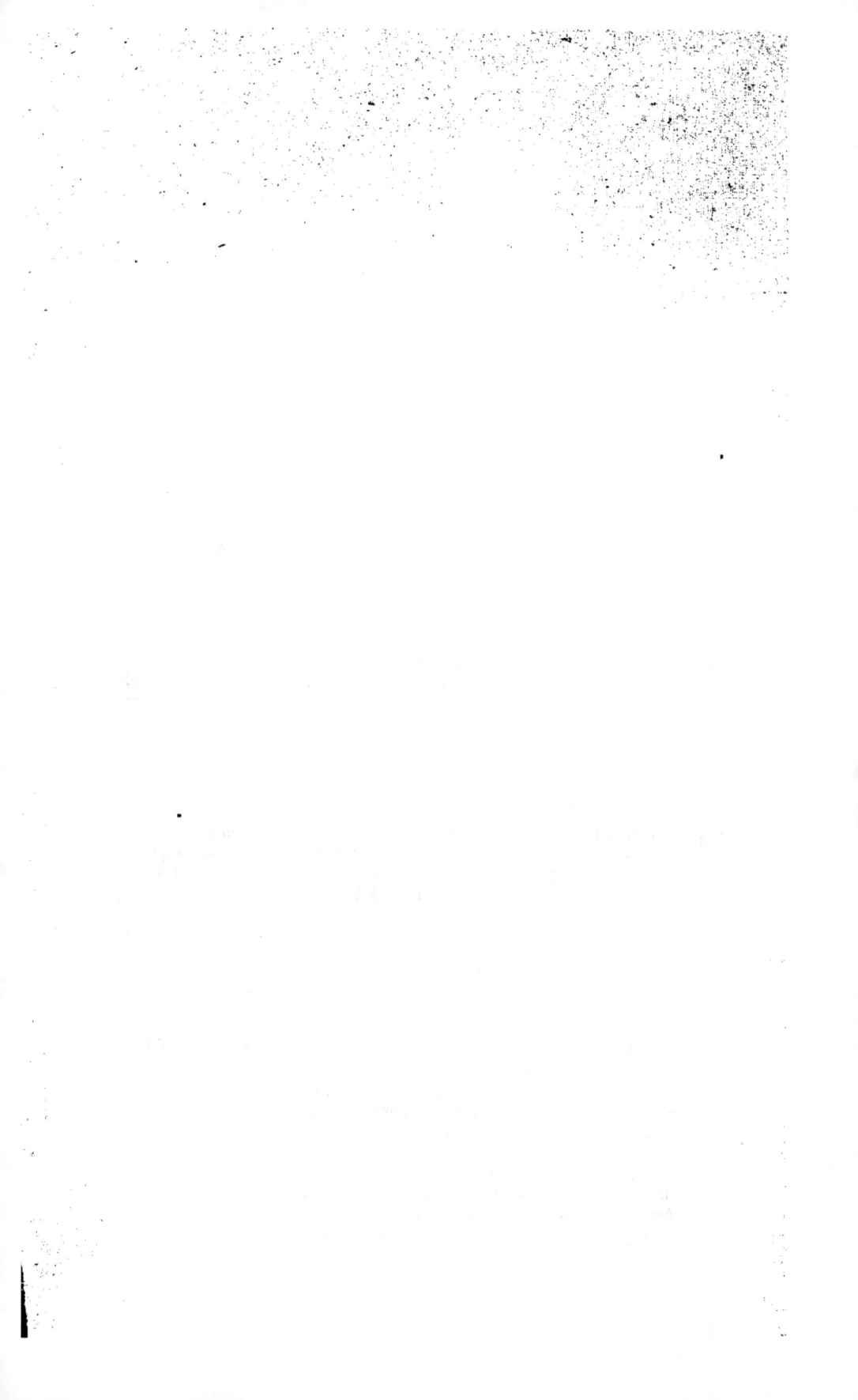

TABLE

LES TÉLÉGRAPHES

I

Usage primitif des signaux chez les anciens et au moyen âge. — Théories et essais de télégraphie dans les temps modernes. — Gaspar Schott, Becher, Hoff-mann, Hooke. — Guillaume Amontons. — Guillaume Marcel. — Georges-Louis Lesage. — Lomond. — Dom Gauthey. — Linguet. — Dupuis. — Bergstrasser. — Les télégraphes humains. 7

II

Télégraphie aérienne. — Claude Chappe. — Le télégraphe au séminaire. — Les frères Chappe à Paris. — Établissement d'une première ligne télégraphique de Paris à Lille. — Développements successifs de la télégraphie aérienne en France. — Structure et manœuvre du télégraphe de Chappe. — Le télégraphe aérien en Italie, en Espagne, en Allemagne, en Suède, en Angleterre, en Turquie, en Égypte, en Russie, etc. 16

III

Télégraphie électrique. — François Salva. — Reiser. — Sœmmering. — Décou-verte de l'électro-magnétisme. — Œrsted. — Ampère. — Observations de Schweiger. — Le rhéomètre. — Télégraphes électriques de Schilling et d'Alexan-der. — Découverte de l'aimantation temporaire par Arago. — Principe fonda-mental de la télégraphie électrique actuelle. — La télégraphie électrique en Angleterre. — Wheatstone. — Télégraphes à cadran et à double aiguille. — La télégraphie électrique aux États-Unis. — M. Samuel Morse. — Télégraphe écrivant. — Télégraphe électrique en France. — Télégraphe mixte de MM. Foy et Bréguet. — Télégraphe à clavier de M. Froment. — Télégraphe à cadran de M. Bréguet. — Télégraphe imprimant de Hughes. — Télégraphes autogra-

phiques ou pantélégraphes de Caselli et de Meyer. — Appareils accessoires de
la télégraphie électrique : sonnerie et parafoudre. — Les fils électriques : fils
aériens et fils souterrains.   24

IV

La télégraphie électrique sous-marine. — Le télégraphe sous la Manche. —
M. Wheatstone et M. Walker. — Compagnie anglo-française formée en 1850.
— Pose du premier fil entre Douvres et le cap Gris-Nez. — Le fil coupé par un
pêcheur. — Autre compagnie. — Pose du câble anglo-français en 1851. — Autres
câbles sous-marins. — Projets d'une communication télégraphique entre les
îles Britanniques et l'Amérique. — MM. Gisborne et Cyrus Field. — Première
tentative et échec de 1857. — Succès éphémère de 1858. — Nouveaux préparatifs. — Le *Great-Eastern*. — Immersion du câble et sa rupture en juillet 1865.
— Le troisième câble atlantique posé, et celui de 1865 repêché et complété
en 1866. — Victoire définitive. — Les pronostics de Babinet. — Le câble transatlantique anglo-français, posé en 1869 entre Brest et Saint-Pierre-Miquelon.
— Le réseau télégraphique universel   41

V

Le système duplex et le système quadruplex. — Télégraphie militaire. — Les
signaux maritimes   60

LES FEUX DE GUERRE

PREMIÈRE PARTIE

LE FEU GRÉGEOIS

I

Rôle primitif du feu dans la guerre. — Mélanges inflammables : leur origine,
leur introduction en Europe sous le nom de *feu grégeois*.   67

II

Composition et emploi des mélanges inflammables chez les Grecs et chez les
Arabes. — Décadence du feu grégeois. — Fables et préjugés auxquels il a
donné lieu.   70

TABLE 159

DEUXIÈME PARTIE

LA POUDRE A CANON

I

Précis historique. — Erreurs sur l'origine de la poudre et ses prétendus inventeurs. — La poudre chez les Orientaux. — Son introduction en Europe. — Premières armes à poudre. — Armes modernes 77

II

Composition et propriétés de la poudre. — Théorie de ses effets. — Préparation de ses éléments 88

III

Fabrication de la poudre. — Procédés des pilons, des tonnes, des meules. — Épreuves des poudres. — Composition et fabrication des amorces fulminantes. 96

TROISIÈME PARTIE

TENTATIVES DE RÉFORME ET DERNIÈRES DÉCOUVERTES DANS LA PYROTECHNIE MODERNE

I

La poudre au chlorate de potasse. — Catastrophe d'Essonne. — Abandon définitif du chlorate de potasse 111

II

Les fusées de guerre. — Leur ancienneté. — Essais les plus remarquables dont elles ont été l'objet. — Fusées à la Congreve. — Leur valeur réelle. . . 114

III

Le pyroxyle. — Expériences de MM. Braconnot, Pelouze et Schönbein. — Effet produit par l'apparition du pyroxyle. — Sa préparation, ses propriétés, ses avantages et ses inconvénients. — Le pyroxam. — La poudre prussienne. — Applications diverses du pyroxyle 122

IV

La catastrophe de la place de la Sorbonne, en 1869. — Le picrate de potasse. — Les poudres Dessignolles. — La poudre Fontaine. — La nitro-glycérine. — La dynamite 131

V

Les incendiaires de la Commune de 1871 et le pétrole. — Histoire de ce produit. — Le feu fenian. — Le feu lorrain de M. Nicklès. — Le feu lorrain perfectionné de M. Guyot. 140

VI

Dernières découvertes. — La mélinite. — La roburite. — La poudre sans fumée. — Le fusil à gaz. — Conclusion 153

23718. — Tours, impr. Mame.

www.ingramcontent.com/pod-product-compliance
Lightning Source LLC
Chambersburg PA
CBHW071845200326
41519CB00016B/4251